双碳目标下长江经济带农业碳排放效率及影响因素研究

鲍丙飞 著

湘潭大学出版社
XIANGTAN UNIVERSITY PRESS

图书在版编目（CIP）数据

双碳目标下长江经济带农业碳排放效率及影响因素研
究 ／ 鲍丙飞著. -- 湘潭 ： 湘潭大学出版社，2023.5
ISBN 978-7-5687-1092-3

Ⅰ．①双… Ⅱ．①鲍… Ⅲ．①长江经济带－农业－二
氧化碳－减量－排气－研究 Ⅳ．① S210.4 ② X511

中国国家版本馆 CIP 数据核字（2023）第 086565 号

双碳目标下长江经济带农业碳排放效率及影响因素研究

SHUANGTAN MUBIAO XIA CHANGJIANG JINGJIDAI NONGYE

TANPAIFANG XIAOLÜ JI YINGXIANG YINSU YANJIU

鲍丙飞 著

责任编辑：王亚兰
封面设计：夏茜旸
出版发行：湘潭大学出版社
社 　址：湖南省湘潭大学工程训练大楼
电 　话：0731-58298960 0731-58298966（传真）
邮 　编：411105
网 　址：http://press.xtu.edu.cn/
印 　刷：长沙创峰印务有限公司
经 　销：湖南省新华书店
开 　本：710 mm×1000 mm 1/16
印 　张：14.25
字 　数：256 千字
版 　次：2023 年 5 月第 1 版
印 　次：2023 年 5 月第 1 次印刷
书 　号：ISBN 978-7-5687-1092-3
定 　价：68.00 元

前　言

　　农业是人类衣食之源、生存之本，是一切生产的首要条件，其对人民生活保障、社会稳定与经济运行起着重要的作用。然而，随着农业经济的快速发展，伴随着农业碳排放量的增加，不利于我国农业高质量发展。同时，由碳排放导致的全球气候变化问题不断加剧，极端天气事件频发，对农业生产造成了深刻影响，其中负面影响更为突出。如何限制碳排放，提高碳排放效率已经成为热点国际话题和重要研究领域。我国作为全球最大的发展中国家和碳排放国，有责任和义务对国际气候变化做出大国承诺和大国担当。因此，国家提出了一些列政策，如 2021 年 10 月，中共中央、国务院在《关于完整准确全面贯彻新发展理念做好碳达峰碳中和工作的意见》中明确提出要"加快推进农业绿色发展，促进农业固碳增效"，国务院《2030 年前碳达峰行动方案》提出，推进农村建设和用能低碳转型；发展绿色低碳循环农业，推进农光互补；研发应用增汇型农业技术。由此可见，减少农业碳排放、提高农业碳排放效率是推进农业绿色低碳发展的有效途径，也是农业高质量、农业可持续发展的必然选择。

　　长江经济带作为我国重大国家战略发展区域，坚持生态优先、绿色发展的战略定位。长期以来是我国重要的农业生产区域。区域内的成都平原、江汉平原、洞庭湖平原、鄱阳湖平原、江淮地区和太湖平原在中国九大商品粮基地中占据六席。对维护国家农业安全承担着重要职责。基于此，本研究将农业碳排放量纳入传统农业生产效率评价体系中，测算长江经济带农业碳排放效率并分析其时空差异。在此基础上，分析农业碳排放效率收敛情况及空间相关性，探究农业碳排放效率的影响因素，对促进我国农业绿色发展，加快推进生态文明建设，助推乡村振兴，具有重大的理论意义和现实意义。本书共分为七章，具体研究内容如下：

第1章：绪论。深入剖析了本书的选题背景和意义，并介绍本书的研究内容、研究方法、技术路线和可能存在的创新点。

第2章：理论基础与文献综述。首先厘清农业、低碳农业、农业碳排放、生产率、农业碳排放效率的相关概念以及其历史演变；然后梳理了关于农业碳排放效率相关研究，为构建农业碳排放效率分析框架提供文献借鉴和理论支撑。

第3章：长江经济带农业生产时空变化分析。首先对长江经济带发展现状进行分析；然后从时空维度对长江经济带农业生产时空变化进行探讨。结果表明：年际间长江经济带的农业总产值持续稳定上升，不断突破新高，且长江经济带处于农业总产值和农作物播种面积较少的市的个数在减少，而处于农业总产值和农产品播种面积较多的市的个数再增多。

第4章：长江经济带农业碳排放效率评价。首先界定长江经济带农业生产碳排放主要来源，并对其碳排放量进行测度；然后将农业碳排放量作为非期望产出纳入传统农业生产效率分析框架中，从动态方面测算长江经济带农业碳排放效率；最后从考虑农业碳排放量方面对农业碳排放效率进行时空演变及其差异分析。结果表明：年际间长江经济带农业碳排放效率指数呈先持续下降再持续上升态势，且主要由农业生产环境技术效率指数和农业生产环境技术进步指数"双轨驱动"引起的；从农业生产过程来看中，资源过度消耗以及不合理配，如化肥、农药、农膜等过度使用带来的环境污染排放问题是目前长江经济带农业碳排放效率水平不高的主要原因。

第5章：长江经济带农业碳排放效率的收敛性分析。首先，采用传统收敛方法对农业碳排放效率进行收敛检验；其次，采用非线性时变因子模型对农业碳排放效率进行俱乐部收敛检验；再次，运用验证性分析方法对农业碳排放效率是否存在随机收敛进行检验；最后，运用核密度函数和马尔可夫链等研究方法分析农业碳排放效率动态演变特征。结果表明：年际间长江经济带各地级（直辖）市的农业碳排放效率差距并不是短期性的，而将会一直长期客观存在；长江经济带农业碳排放效率整体不收敛，但存在局部收敛，且表现为 6 个收敛的俱乐部和一个发散组。

第 6 章：长江经济带农业碳排放效率影响因素分析。首先，分析长江经济带农业碳排放效率空间相关性的经济学机制；其次，采用全局 Moran's I 和局部 LISA 集聚图，验证长江经济带农业碳排放效率的空间相关性；最后，采用空间计量模型对长江经济带农业碳排放效率影响因素进行回归分析。结果表明：① 年际间长江经济带在整体上表现出显著的空间正相关关系，说明长江经济带农业碳排放效率并非孤立、随机分布的，而存在空间依赖性和空间溢出效应。② 在其他条件不变的情况下，除农业产业结构、农业投资强度、农村居民人均收入对长江经济带农业碳排放效率起到负向作用外，其他解释变量均对其起到正向作用。其中，农业产业结构、产业集聚均在 1% 的水平上显著影响长江经济带农业碳排放效率；农业投资强度、耕地规模化程度均在 5% 的水平上显著影响农业碳排放效率；作物种植结构、农村居民人均收入在 10% 的水平上显著影响农业碳排放效率。

第 7 章：结论、政策建议与研究展望。主要包括三个部分，第一部分是对本书的研究结论进行有条理的总结概括；第二部分根据各章节的研究结论，为提高农业碳排放效率提供切实可行的政策建议；第三部分对本书存在的不足进行阐述，对未来仍需努力的方向进行展望。基于以上研究结论，本研究认为：① 要优化农业生产要素投入结构；② 要避免农业碳排放对农业生产造成环境惩罚影响；③ 要加大农业科技投入力度，大力发展现代农业；④ 要推动跨区域交流合作，协调区域农业碳排放效率增长速度；⑤ 要增加财政支农投入，兼顾城镇化发展与人才培养；⑥ 要调整农业结构，发展生态农业和循环农业。

目　录

第1章 绪 论

1.1 研究背景与研究意义

1.1.1 研究背景

农业是人类衣食之源、生存之本，是一切生产的首要条件，为国民经济其他部门提供粮食、副食品、工业原料、资金和出口物资，是我国经济发展的基础产业，其对人民生活保障、社会稳定与经济运行起着重要的作用。近年来，温室气体排放导致全球气候变暖给人类的生产生活带来了诸多不利影响，越来越受到人们的重视。联合国政府间气候变化专门委员会（IPCC）相关研究报告表明，农业是重要的温室气体排放源。除了传统印象中的农业能源利用，水稻种植、畜牧养殖等农业生产活动也会造成大量的温室气体排放（董红敏，2008；Yan et al.，2019）。然而，随着农业经济的快速发展，伴随着农业碳排放量（这里主要指温室气体）的增加，不利于我国农业高质量发展，如 2018 年 12 月发布的《中华人民共和国气候变化第二次两年更新报告》显示，在我国的温室气体排放领域构成中，农业活动位于能源活动和工业生产活动之后，排名第三，占全国温室气体总排放量的 6.7%。其主要原因是：一方面，农业生产过程中需要投入大量化肥、农药、农膜以及农业机械等均会产生大量温室气体。研究表明我国的农用薄膜残留率高达 40%，单位土地面积的农药使用量大约是西方发达国家的 2 倍，农用化肥施用总量大约占世界的 1/3。另一方面，农用化肥中的氮磷流失量、农药的残留量以及秸秆焚烧等生产活动都造成农业污染的加剧。根据第一次全国污染源普查公报，我国农业所产生的 COD、TN 和 TP 分别为 1324.09 万吨、207.46 万吨和 28.47 万吨，分别占排放总量的 43.70%、57.20% 和 67.40%，这进一步说明农业污染对农业生态环境所造成的影响越来越明显（贺俊，2022）。

由碳排放导致的全球气候变化问题不断加剧，极端天气事件频发，对农业生产造成了深刻影响，其中负面影响更为突出。如何限制碳排放，提高碳排放效率已经成为热点国际话题和重要研究领域（方精云等，2011）。我国作为全球最大的发展中国家和碳排放国，有责任和义务对国际气候变化做出大国承诺和大国担当。因此，国家提出了一系列政策，如 2015 年中共中央政治局会议首次提出了"绿色化"的概念。同年，农业部关于印发《到 2020 年化肥使用量零增长行动方案》指出，2015 年到 2019 年，逐步将化肥用量年增长率控制在 1% 以内，力争到 2020 年，主要农作物化肥使用量实现零增长。2017 年中央一号文件提出的供给侧结构性改革方案中强调提高资源利用率，促进农业农村发展由过度依靠资源消耗，主要满足量的需求，向追求绿色生态可持续，更加注重满足质的需求转变。2020 年 9 月，国家提出了碳达峰、碳中和目标（以下简称"双碳"目标），即我国力争 2030 年前实现碳达峰，2060 年前实现碳中和。2021 年 4 月，该目标被正式写入政府工作报告，作为一项重要的战略决策和部署。同年 10 月，《中共中央 国务院关于完整准确全面贯彻新发展理念做好碳达峰碳中和工作的意见》中明确提出，要"加快推进农业绿色发展，促进农业固碳增效"。国务院《2030 年前碳达峰行动方案》提出，推进农村建设和用能低碳转型；发展绿色低碳循环农业，推进农光互补；研发应用增汇型农业技术。由此可见，减少农业碳排放、提高农业碳排放效率是推进农业绿色低碳发展的有效途径，也是农业高质量、农业可持续发展的必然选择。

长江经济带作为我国重大国家战略发展区域，坚持生态优先、绿色发展的战略定位。其以长江为轴线，自东向西覆盖上海、江苏、浙江、安徽、江西、湖北、湖南、重庆、贵州、四川、云南 11 个省（市），总面积约为 205 万平方千米，占陆域国土面积的 21%，人口和经济总量均超过全国的 40%。2016 年 9 月，国务院正式印发《长江经济带发展规划纲要》，确立了长江经济带在国家战略发展中的区域地位。长江经济带农业绿色发展是《长江经济带发展规划纲要》中的重要内容，是新时代为推动长江经济带发展做出的重要战略部署。长江经济带光、热、水、土条件优越,长期以来是我国重要的农业生产区域。区域内的成都平原、江汉平原、洞庭湖平原、鄱阳湖平原、江淮地区和太湖平原在中国九大商品粮基地中占据六席。其以占全国20%以上的土地生产了40%以上的农产品,供养了40%以上的人口,但也消耗了50%以上的化肥(陈新平等,2022)。长江经济带区域发展条件差异较大,发展很不平衡;产业大多处于价值链中低端,地区间产业结构同质化状况突出,产业转型升级任务艰巨;流域区域污染并存,生态环境问题积重较深、资源要素承载能力不足。但总体上看,农业发展仍然主要依靠消耗资源的粗放式经营方式,环境污染和生态退化的趋势尚未被有效遏制。在此背景下,如何最大限度地减轻农业生产对环境的负外部效应,实现耕地、水资源、劳动力等要素优化配置,提高农业高质量发展是今后农业生产的关键。即要求在资源节约条件下,提高农业碳排放效率,实现经济朝着"绿色"与"高效"的方向发展,加快推进乡村振兴战略,实现共同富裕。

本研究以长江经济带为例,尝试将农业碳排放量纳入传统农业生产效率分析框架中,在考虑环境因素条件下,深入剖析长江经济带农业碳排放效率时空演变的特征和规律,有利于正确掌握农业科技以及相关投入要素的利用状况,便于对各投入、产出等要素进行合理调整。为了进一步摸清农业碳排放效率差异变化趋势,对农业碳排放效率进行收敛性检验,便于采取规制手段加以调控,以实现长江经济带各地级(直辖)市间农业碳排放效率的均衡发展,避免各地级(直辖)市间农业生产情况出现两极分化的情形。在此基础上,将空间地理因素纳入农业碳排放效率的影响因素分析框架中,采用空间计量经济模型对影响农业碳排放效率主要因素进行分析,有利于摸清长江经济带农业碳排放效率影响因素的作用机理,结合长江经济带农业生产变化情况以及引起这些变化的驱动因子,对优化农业生产空间布局提供有效的政策建议。这对提高长江经济带及其流域农业综合生产能力,有效把握我国农业生产供需平衡状况,实现我国农业安全战略具有重要的理论意义和实践价值。

1.1.2 研究意义

农业生产过程中温室气体特别是CO_2、氮的氧化物排放量也是非常大的,是影响全球温室气体排放量的第二大来源。我国农业产值在快速增长的同时,农业生产过程中的农业面源污染问题也日益严重。在乡村振兴战略背景下,本研究基于发展的根本目的，在"双碳"目标下，以农业碳排放效率为关键切入点，深入探讨长江经济带农业碳排放效率收敛性及空间效应，对于政府制定切实有效的激励政策，降低资源投入要素的冗余，提高资源有效配置率，减少农业面源污染，提高农业碳排放效率，促进农业生产与环境保护协调发展，加快环境友好型、资源节约型的社会发展，夯实农业安全，实现共同富裕具有重要理论意义和应用价值。

1. 理论意义

（1）扩展了农业生产效率的研究尺度。通过现有相关文献研究可知，目前关于碳排放效率的研究较多集中在工业领域，在农业领域方面的研究较少，尤其是关于农业碳排放效率方面的研究。因此，本研究对研究尺度进行了拓展。（2）完善了农业生产效率指标体系。本研究将农业碳排放量纳入农业生产效率指标体系框架中，进一步完善了现有农业生产效率指标体系，使其更具有科学性。（3）丰富了相关经济理论。本研究定量分析长江经济带农业碳排放效率的收敛性，摸清其长期动态演变和稳定性，同时分析农业碳排放效率的影响因素，为相关政策的制定提供理论依据，进一步丰富了经济增长理论和空间计量经济学理论。

2. 应用价值

（1）有助于合理调整农业生产要素和研究经验进行推广。通过对农业碳排放效率的影响因素进行分析，从而识别出农业生产过程中的积极和消极因素，提出具有针对性的政策建议，为当地政府提供决策依据和参考，有助于相似或相邻地区学习和应用推广。（2）有助于农业生产低水平向高水平学习，从而提高长江经济带农业碳排放效率总体水平。通过分析长江经济带农业碳排放效率收敛性，摸清楚不同地级（直辖）市农业碳排放效率的短期和长期变化情况，以及动态演进情况，并识别不同地级（直辖）市农业发展水平，对提高长江经济带农业生产的整体水平具有重要参加价值。（3）可以有效地降低农业生产过程中带来的温室气体，推动建设环境友好型、资源节约型社会。农用化肥、农药等农业生产要素的使用虽然对农业增产起到了重要作用，长期过量施用会导致农业碳排放居高不下，从而严重影响农业生产环境。通过对长江经济带农业碳排放效率的分析，可以减少化肥等要素投入冗余，提高农业生产过程中资源利用率，降低温室气体排放量，提高农业碳排放效率，促进农业高质量发展。

1.2 国内外研究现状及述评

目前国内外学者关于农业生产效率的研究，主要集中在农业生产效率的研究区域、研究方法和影响因素等方面。随着人口的增长和人民生活水平的提高，对农业生产质量的需求日益提高。同时，农业生产也是国民经济发展的基础，其地位在农业生产领域中重要性更是不可替代。在耕地减少、耕地质量下降，非粮化和农业面源污染较为严重的背景下，通过优化配置生产要素投入使其冗余量减少、增加单位面积粮食产量、提高农业生产效率成为今后农业生产的必然选择。本节通过对国内外农业生产效率进行文献梳理，厘清当前研究进展，为开展长江经济带农业碳排放效率研究奠定坚实的基础。

1.2.1 国外文献综述

国外学者关于农业生产效率研究相对较早，主要集中在农业生产效率的研究方法、空间特征及收敛性研究、影响因素等方面。

1. 关于农业生产效率的研究方法

国外学者对农业生产效率的研究方法主要包括参数方法和非参数方法两种。其中，参数方法是通过构造生产前沿函数来测度生产效率的一种方法，国外学者常采用的参数方法为随机前沿分析（Stochastic Frontier Analysis，SFA），如 Battese & Coelli（1992）基于随机前沿生产函数模型（SFA）测算了印度农户水稻生产技术效率。Dokic et al.（2022）基于随机前沿生产函数模型（SFA）测算了欧盟和西巴尔干地区的农业技术效率。该方法在农业生产效率测算方面得到广泛的应用（Guesmi et al.，2012；Yan et al.，2018；Shahzad，2019；Gao et al.，2020）。

与参数方法相比较而言，非参数的优势在于不需要设置具体且固定的函数形式，从而可以避免由于选取的具体函数形式错误所造成的最终测算结果的偏差。在效率评估的专业领域，非参数因不需设定具体函数形式的应用而得到广泛使用（Chavas & Aliber，1993；Haji，2007；Khan et al.，2015；Pierluigi et al.，2017），非参数方法的研究目前主要包括数据包络分析法（Data Envelopment A-nalysis，DEA）和无边界分析法（Free Disposal Hull，FDH），它们均隶属于应

用线性规划建模的范围，数据包络分析法（后文 DEA 表示）是在无边界分析法（后文 FDH 表示）所构建的约束条件基础之上继续添加生产凸性的假设。DEA 和 FHD 两种方法，在目前的研究范畴之内，DEA 是被用来测度农业生产效率，使用最多且最广泛的主流研究方法（Haag et al.，1992；Adhikari & Bjorndal，2012；Yasmeen et al.，2022）；相比之下，FDH 方法的使用相对于 DEA 方法较少，但也有构造得出的生产可能更加可信，适用场景更丰富的优势（Balezentis，2014；Laurinavicius & Rimkuviene，2016；Bao et al.，2021）。在 DEA 方法的应用方面，Nguyen & Giang（2008）在评估越南一共 60 个省份的农业生产活动的技术效率（1990—2005 年）时，使用了数据包络分析（DEA）的方法。最终结果显示各省份的平均技术效率较低，农业的生产效率从未来的发展角度来看还有很大的提升进步空间。Toma et al.（2015）则是通过使用 DEA 方法构建模型用来分析平原地带、丘陵区域和山区农业的绩效（效率与效能），最终结果表明无论是在丘陵、山区还是在平原，其中的大部分地区，农业整体效率都没有达到这些地区现阶段发展所需要的合理水平。Wagan et al.（2018）在比较了中国与巴基斯坦（Islamic Republic of Pakistan）的农业生产效率时创新地应用了 DEA 方法，最终得出的结果表明，巴基斯坦地区的整体农业生产效率要远低于中国，中国在农业生产方法的技术对巴基斯坦有很大的借鉴学习意义，两国应该长期合作，共同促进农业生产效率的提升与发展。Nsiah & Fayissa（2019）将研究视线转向非洲，采用 DEA 方法对在 1995—2012 年期间 49 个非洲国家的横断面数据进行效率评价，结果明确表示非洲各国的农业部门增长在很大程度上归结于农业生产技术的进步与发展，而不是我们目前阶段所认知的效率变化。Horvat et al.（2019）更是创新地使用了两阶段数据包络分析（two stage network），检查了 25 个塞尔维亚（Republic of Serbia）地区与农业生产相关的相对技术效率，结果表明效率的分值处于 70%～100% 的范围之内，从而可以得出相应的结论，塞尔维亚农业部门的效率达到很高的水平，其中平均效率得分更是达到了 90%。RL & Mishra（2022）运用了 DEA 方法分析各种农业生产投入与农业生产效率之间的关系研究，并根据印度（The Republic of India）自身发展状况，提出一种可以有效改善印度各邦之间资源配置的方式方法，并分析其可行性。在 FDH 方法的应用方面，Souza et al.（2017）通过利用 FDA 技术效率措施衡量巴西（The Federative Republic of Brazil）农业的绩效，最终研究结果表明巴西的农村地区

生产效率在信用贷款、收入集中度和环境方面得分的反应普遍良好，但是在技术援助方面结果反应不佳，还有很大的进步空间。Souza et al.（2022）采用 FDH 方法并结合 2017 年巴西农业按县级汇众的普查数据，来评估众多外部因素对巴西农业生产效率的影响，结果表明在农业生产效率等于 1 的县区，生产合作社对效率的影响程度最大，然而农业生产效率不等于 1 的县区，一般来说，技术相关的环境实践对农业效率的影响程度最大。

上述基于传统农业生产效率的测度。然而，随着环境问题日益严重，传统效率研究方法不能满足现有研究的需求。为此，部分国外学者开始关注农业面源污染、工业"三废"等环境问题，科学合理地对传统效率模型进行改进。其中，最常见的 DEA 方法有径向的方向距离函数（Directional Distance Function，DDF）和非径向的 SBM（Slack Based Measure）方法。方向距离函数是由 Chung et al.（1997）在 Shephard 距离函数基础上加入投入和产出的不同改进方向延伸出来的一种能够处理非期望产出的方法，并得到了广泛的运用（Rosano & Daher，2015；Badau & Rada，2016；Sidhoum，2018），而 SBM 模型由 Tone 于 2001 年提出来，相对于 DDF 模型来说，其优点在于考虑了生产要素的冗余，因此，SBM 模型同样受到很多学者的青睐（Kocisova et al.，2018；Korotchenya，2019）。

2. 关于农业生产效率的空间差异及收敛性研究

不同地区的农业生产效率存在不同的空间差异及收敛性。在区域差异方面，如 Lambert & Parker（1998）使用中国 1979—1995 年期间的省级数据报告了多产出、多投入生产技术的技术变化、技术效率和多因素生产率指数，对中国省级农业生产效率进行研究，发现不同年份、区域间农业生产效率增长存在差异，变化差异很大。Esposti（2011）通过对 1951—2002 年意大利各地区农业全要素生产率进行分析，认为各地区农业全要素生产率差异持续存在的原因可能与其收敛性有关系。Fuglie（2018）则以全球数据作为研究对象，通过对全球农业生产率进行研究，综合了 40 多项关于研发投资如何影响世界各地农业全要素生产率（TFP）的研究结论，结果表明发展中国家农业生产率增长速度较快，而发达国家则相对缓慢，甚至呈负增长趋势。在收敛方面，Suhariyanto & Thirtle（2001）测量了亚洲 18 个国家 1965—1996 年的农业全要素生产率，结果表明，由于技术效率下降和技术进步停滞，一半的国家经历了生产率负增长，通过横断面检验和时间序列检验均表明，这些国家的农业生产率的收敛性并不显著。Thirtle et al.（2003）则采用了不同的收敛检验方法，用条件 β 收敛检验博兹瓦纳农业生产效率的收敛性，结果表明博兹瓦纳农业生产效率不存在条件 β 收敛，即博茨瓦纳区域内低农业生产效率地区初期的增长速度并不比高农业生产效率地区的增长速度快。随后Baráth & Fertö（2017）利用近年的数据，对 2004—2013 年间欧洲成员国农业全要素生产率进行收敛检验，结果表明欧盟的 TFP 略有下降，但"老"成员国（OMS，即欧盟 15 国）和"新"成员国（NMS）之间以及成员国之间存在显著差异；反之，其农业全要素生产率总体上趋同，但收敛速度较为缓慢。

3. 关于农业生产效率的影响因素研究

由于全球不同国家与地区气候地貌、自然资源等禀赋差异较大，农业生产的基础设施、人力资源、科技投入等千差万别，且这些因素都对农业生产效率影响较大。因此，国外诸多学者对农业生产效率的主要影响因素进行了深入研究，虽然不同学者研究的影响因素不尽相同，但主要集中在自然因素、科技投入、人力资本投入、农业基础设施建设、农业政策和规模化生产等方面（Arnade，1998；Rada & Valdes，2012；Ajao & Salami，2012；Florea et al.，2021）。

（1）自然因素对农业生产效率的影响（Belyaeva，2018；Chang et al.，2019；Qin et al.，2020）。关于气候和自然条件的变化对农作物生长的影响具有多样性，Barrios et al.（2008）研究了气候变化对撒哈拉以南非洲和非撒哈拉以南非洲发展中国家农业生产总量的影响，得出以降雨量和温度变化为衡量标准的气候，一直是撒哈拉以南非洲农业生产效率的主要决定因素。Adamišin et al.（2015）利用聚类分析方法对选定的经济指标进行综合评价，评价报告期指出农业主体生产力的发展情况，认为在确保斯洛伐克不同地区农业经济绩效的可持续性方面，气候条件是影响农业生产率的主要影响因素。而关于气候和自然条件的变化对农作物生长的影响具有多样性，Ahmed et al.（2022）利用面板自回归分布式滞后方法（PMG 方法）和 2005—2019 年美国 50 个州的面板数据，研究得出空气污染与农业绿色全要素生产率之间存在单向因果关系，减少空气污染将促进农业绿色全要素产出。此外，Weerasekara et al.（2022）采用随机生产函数方法考察不同地区和不同农业生态区域的技术效率，结果表明旱涝对生产效率有显著的负向影响，其中干旱影响最为严重。

（2）科技投入对农业生产效率的影响（Huffman & Evenson，1992；Abdul-lahi et al.，2015；Mugunieri et al.，2021）。研究表明科技投入的提升对农业生产效率的提高具有推动作用。Chavas & Cox（1992）通过非参数生产率分析方法将技术进步内化为公共和私人研究支出的函数而得到扩展，结果表明，与公共科技投入相比，私人研究投入在短期内对农业生产力的影响更大，但在长期内影响较小。Coelli et al.（2003）采用随机生产前沿函数，对孟加拉国16个地区1960—1991年的31次观测数据进行了全要素生产率增长、技术效率变化和技术变化的测度，结果表明全要素生产率（TFP）的变化取决于绿色革命技术和农业研究支出。Armagan et al.（2010）利用1994—2003年的面板数据，采用DEA-Malmquist生产率指数对土耳其农业生产全要素生产率进行了测定，年际间，除西马尔马拉、爱琴海、地中海和东黑海区域外，各区域的技术效率和全要素生产率均有所下降，且技术水平落后是其农业全要素生产率的增长率下降主要因素之一。Adetutu & Ajayi（2020）采用随机前沿分析（SFA）模型，以撒哈拉以南非洲（SSA）30个国家为样本，研究1981—2011年间国内外研发支出对农业生产率的影响，研究结果表明农业部门的国内外研发支出对全要素生产率均有显著影响，但前者的作用更为重要。

（3）人力资本投入对农业生产效率的影响（Gallacher，2001；Huffman，2001；Liu et al.，2021）。人力资本投入对农业生产效率的影响不仅与其受教育程度、年龄有关，还与性别有关（Kalirajan，1989；Kurosaki et al.，2001；Nowak & Kijek，2016）。Huffman et al.（2008）采用两部门一般均衡模型对劳动生产率进行研究，结果表明低劳动力效率水平是国家农业生产效率低的主要原因，现代农业投入的障碍以及劳动力市场的障碍在农业中的就业和劳动生产率份额方面产生了巨大的跨国差异。Djomo & Sikod（2012）采用了评估农业生产率、建立随机前沿模型和明确人力资本回报的方法评估了人力资本如何影响喀麦隆的农业生产力，结果表明增加劳动力的经验和教育水平就能提高农业生产力。Kurbatova et al.（2020）认为在农业领域，人才问题是俄罗斯经济发展和数字化的重要因素。Chandio et al.（2021）利用东盟四国（印度尼西亚、马来西亚、菲律宾和泰国）1990—2016年的面板数据建立横断面增强自回归分布滞后（CS-ARDL）模型，得出人力资本具有抵消CO_2排放对农业生产影响的能力，对农业生产效率具有正面影响。

（4）农业基础设施建设对农业生产效率的影响（Deaton & James，1993；Mitra et al.，2002；Rahman，2003；Li & Liu，2009）。Mamatzakis（2003）采用双成本函数构建希腊农业技术与行为模型，该模型将生产率增长分解为组件技术变更、规模回报和公共基础设施，分析希腊公共基础设施投资与农业生产率之间的关系，认为公共基础设施投资促进农业增长，提高农业生产效率。Llanto（2012）也认为农村基础设施和农业生产效率之间存在显著联系。Adepoju & Salman（2013）利用描述性统计和全要素生产率模型对收集的数据进行分析，解释现有基础设施对农业生产效率的影响，就基础设施要素而言，土壤实践的改进和扩展访问对生产力有显著的积极影响。Felix et al.（2014）使用 Cobb-Douglas 模型和贝宁 1980—2009 年农业生产数据进行研究，结果表明基础设施的投资，主要包括教育和交通，对农业生产力具有正向影响。Benavides（2021）利用中国农业 1985—2011 年的数据探讨了农村基础设施投资对农业全要素生产率的影响，从长期来看，灌溉投资对农业全要素生产率的弹性是最大的，其次是电力投资和道路投资，但从短期来看，道路投资对农业全要素生产率的提升效果最大，其次是灌溉投资和电力投资。综上所述，国外大部分学者认为农业基础设施对农业生产效率具有正向促进作用。

（5）农业政策对农业生产效率的影响（Chavas，2011；Quiroga et al.，2017；Kansiime et al.，2018；Cong，2022）。农业政策是一个国家农业生产发展的关键因素。Sotnikov（1998）利用 1990—1995 年俄罗斯 75 个地区的农业产出和投入数据，采用随机生产函数测算其农业技术效率，分析得出各区域农业技术效率存在较大差异，且在实行价格管制和补贴生产的地区技术效率在不断提高。Rada & Buccola（2012）利用巴西农业普查数据分析农业政策对农业全要素生产率的具体影响，最终认为农业政策对农业全要素生产率具有促进作用。然而 Latruffe & Desjeux（2016）通过分析 1990—2006 年间欧盟农业政策对法国农业技术效率和生产力的影响，认为农业补贴政策的影响可以是消极的也可以是积极的，根据不同条件而发生变化。Hua et al.（2022）采用双差模型分析碳排放权交易体系对农业企业全要素生产率影响的政策效应与机制，结果表明碳排放权制度显著提高了农业企业的全要素生产率。

（6）规模化生产对农业生产效率的影响（Schutter，2011；Herrmann，2017；Zewdie et al.，2021）。关于规模化生产对农业生产效率的影响，在学术界尚未有统一的观点。其中,部分学者认为规模化生产有利于农业生产效率的提高(Ju et al.,2016;Wang et al.,2022)。同样地,Oduol et al.(2006)通过分析肯尼亚恩布区土地规模对农场生产效率的影响,得出放宽流动约束、加强土地规模化有助于农场生产效率的提高。Key(2019)对 1982—2012 年美国中部地区不同规模农场生产全要素生产率增长率进行测算,认为农场规模与其全要素生产率存在很强的正相关关系。然而,部分学者认为规模化生产不利于农业生产效率的提高(Rosset,2000),Zhang et al.(2022)基于 2015—2020 年湖南省农户微观数据,采用 Tobit 模型分析影响因素和成本效率差异,认为农户经营规模的扩大并不必然提高其配置效率,反而增加了其化肥等要素的投入,可能导致农业面源污染。此外,部分学者认为规模化对农业生产效率的影响并不是一成不变的(Helfand & Levine,2004;Duffy,2009)。

1.2.2 国内文献综述

农业经济发展一直是学术界关注的热点。与西方国家相比,国内学者对于农业生产效率的研究起步相对较晚,且现有研究文献主要集中在效率研究方法、收敛性分析、效率影响因素分析等实证研究。

1. 关于农业生产效率的研究方法

在参数研究方法方面,随机前沿生产函数法同样被广泛用于农业生产效率研究(张乐等,2013;孙利娟,2017;王善高,2018),石慧等(2008)利用 1985—2005 年 28 个省级地区的农业生产数据,采用随机前沿生产函数方法测算了我国 28 个省级地区从 1985—2005 年的农业全要素生产率,并对其进行分解,得出近 20 年来农业生产要素的流动是农业全要素生产率增长波动的主要原因的结论。米建伟等(2009)利用我国 1984—2002 年农业省区投入产出数据,采用参数法测算农业全要素生产率,并对其变化进行分解,最终发现,农业科研投资和灌溉投资对全要素生产率的提高有显著促进作用,而教育投资对全要素生产率无显著影响。李谷成等(2010)采用随机前沿生产函数对省级层面不同作物品种的行业面板数据进行了计算与分解,摸清我国 1978 年以来农业内部各行业的全要素生产率增长与行业差异。同样地,王阳等(2014)采用超越对数随机前沿生产函数模型,利用 1906 家农户的微观数据,对农户的生产技术效率进行了测算

与实证研究，结果表明农户生产技术效率水平较低，平均仅有 64.1%。刘晗（2015）基于 1990—2013 年全国 30 个省、直辖市和自治区（重庆数据并入四川）的面板数据，采用超越对数型随机前沿生产函数模型对农业全要素生产率的增长进行实证研究，结果表明农业全要素生产率的增长率有上升的趋势。王阳（2016）利用产出异质性随机前沿生产函数模型（TFE-SFA）与四川省 21 个市（州）1999—2013 年农业投入产出的面板数据，对各地区农业生产技术效率水平及其在这段时间内的变化进行了测算，结果表明四川省农业生产技术效率随时间有下降趋势，且少数民族地区与非少数民族地区的技术效率差异较明显。李翔等（2018）基于华东地区六个省份 1978—2015 年的面板数据，采用随机前沿生产函数模型分析华东农业全要素生产率的增长及其分解部分的变化规律与趋势，认为农业技术的投入与进步是全要素生产率增长的主要动力。张慧（2019）基于 1978—2018 年面板数据，构建随机前沿生产函数测算广西农业全要素生产率增长情况并进行分解，结果表明农业技术进步是农业全要素生产率的最主要增长动力。宋浩楠等（2021）基于 2013—2017 年安徽省农村固定观测点面板数据，采用时变随机前沿生产函数模型测算农业生产技术效率，结果表明土地细碎化，即用地类型难以一元化、集中化、规模化经营，呈插花分散、无序状态的土地对农业生产技术效率的直接影响呈倒"U"形。上述的农业生产效率主要是基于参数研究方法测度的结果，该方法（如生产函数法和随机生产前沿法）需要设定生产函数的具体形式，而具体生产函数设定存在错误的风险，而非参数研究方法则避免了这个问题。

随着农业生产效率研究方法的不断完善，国内学者意识到参数研究方法存在的缺陷，从而推动了非参数研究方法的应用。在非参数研究方法方面，最为常见的方法为 DEA 模型，大多学者主要基于微观或宏观视角来研究农业生产效率（李中东，2019；卢东宁，2021；常轩宁，2022）。其中，在微观视角方面（郭军华等，2010；卓小爱等，2021；张向阳，2022），朱帆等（2011）将视角转向西部地区，利用三阶段 DEA 模型和农户实地调查的数据对西藏"一江两河"地区 2009 年农业生产效率进行实证分析，结果发现农户的生产补贴、受教育年限和非农收入等环境变量和随机因素显著影响了其农业生产效率。刘莉（2011）采用 DEA 方法的一般性理论，不考虑资金的时间价值，对安徽省农业生产效率静态评价分析，得出安徽省农业生产效率在 2000—2009 年间稍有波动，但总体呈上升的趋势，且技术进步是安徽省农业生产效率提高的主要原因，但技术效率的贡献并不大。而杨震宇（2014）采用数据包络分析（DEA）方法，在传统方法的基础上选择了更为复杂的 C^2R、BC^2 以及 $SE-C^2R$ 三个 DEA 模型（其中，C^2R 模型假设 DMU 处于固定规模报酬情形下，用来衡量总效率；BC_2 模型假设 DMU 处于变动规模报酬情形下，用来衡量纯技术和规模效率），对以广东省为主的农业生产效率分别进行横向及纵向的研究，结果表明农业技术投入、技术创新、农用科技推广对提高广东省农业生产效率相对有效。万长松等（2018）在剔除环境因素和随机干扰因素基础上，利用三阶段 DEA 模型测算甘肃省 14 个市、州的农业生产效率，结果表明甘肃省农业生产效率整体较低，并且不同的城市之间农业生产条件存在差异。同样地，张晓敏（2021）则利用陕西省 2010—2018 年的农业数据，采用 DEA 方法，对陕西省农业生产效率及各生产要素冗余率进行评价，结果表明陕西省农业生产效率总体处于较高水平。

在宏观视角方面，通常采用 DEA 模型和 Malmquist 指数方法测算农业生产效率（蒋飞和厉伟，2017；侯琳和冯继红，2019；刘蔚然，2022）。其中，崔宁波等（2017）基于黑龙江 2002—2015 年各地市面板数据，利用超效率 DEA 模型和 Malmquist 指数分别对黑龙江省农业生产效率进行了静态、动态的测度，结果表明黑龙江农业生产效率整体水平并不高，各地市间效率差异比较明显，需要合理调整农业政策等相关因素来协调各地区平衡发展。何鸿辉等（2018）采用 DEA 模型和 DEA-Malmquist 指数分析法对甘肃全省及 14 个地州市的农业生产效率进行静态和动态的分析，结果表明农业种植科技含量低是制约甘肃农业生产效率的最主要的因素，说明应提高甘肃农业科技投入来提高农业生产效率水平。周圣杰（2018）基于湖北省具有典型性的农业产区江汉平原 2005—2015 年面板数据，运用 DEA-Malmquist 模型对江汉平原全域和县域角度进行农业生产效率的时空分析，结果表明农业生产过程中全要素生产率对江汉平原缩小地区间农业总值差距贡献不断加强，其中技术进步是主要动力，并且技术进步得益于社会进步、科技发展。李强等（2020）利用 DEA 模型对 2004—2017 年吉林省及 2017 年吉林省 9 个地市的农业生产效率进行测算，采用投影分析和 Malmquist 指数对吉林省的农业生产水平进行评价，研究表明全省技术进步率较低，在一定程度上制约了全要素生产率的提高。周妍宏和王一如（2022）则采用超效率 DEA 模型对 2003—2018 年东北三省的农业生产效率进行分析，结果表明吉林省和辽宁省具有较高的资源利用率，而黑龙江省对农业资源的利用还有提升空间，可见在东北三省中，吉林省和辽宁省的农业生产效率高于黑龙江省。陈智超等（2022）运用 DEA 方法分析 2020 年河南省农业生产效率，利用 Malmquist 指数从阶段性和区域性 2 个维度对河南省 2013—2020 年的农业生产效率进行了分析，结果表明河南省农业生产效率不高的主要原因是规模效率和技术效率的下降。通过上述方法得出关于农业生产效率变化的主要原因是依靠技术进步单轨驱动、技术进步和技术效率共同作用。然而随着农业经济的增长，农业污染问题越发突出，显然传统农业粗放式发展模型已不适应当前的发展，为更加合理地分析我国农业生产效率的情况，国内学者借鉴西方发达国家度量农业生产效率的方法，将农业面源污染纳入传统农业生产效率分析框架中，构建农业生产环境效率（王迪等，2017；丁圆元和李丰，2018；张春梅和王晨，2022）。如王兵等（2011）考虑了环境因素，运用 Metafrontier-ML 生产率指数测度了环境约束下 1998—2008 年长三角和珠三角城市群的全要素生产率及其成分。梁流涛等（2012）基于中国 1997—2009 年间省际面板数据，采用方向性距离函数测度农业技术效率，得出影响农业环境技术效率的因素是多方面的结论，充分考虑了环境因素对农业生产效率的影响。熊鹰等（2019）也将环境因素纳入计算模型考量范围，基于 2006—2016 年四川省 21 个市州面板数据，运用超效率 DEA 方法对四川省环境友好型农业生产效率进行测算。陈振等（2019）引入非期望产出指标建立 SBM-DEA 模型，将碳排放量作为农业生产非期望产出，对河南省 18 个地市的农业生产效率进行测算。黄稳书和胡丽丽（2019）采用 EBM 测度我国各省（市、区）的农业绿色全要素生产率并探讨其差异。张云宁等（2022）将农业面源污染和碳排放量相结合，作为非期望产出纳入农业绿色生产效率分析框架中，并构建了长江经济带农业绿色生产效率"经济-能源-环境-社会"评价指标体系。

2. 关于农业生产效率的空间差异及收敛性研究

随着时间的延续发展和区域之间的各种差异，农业生产效率存在着在空间的维度上所产生的差异分布和时间维度上存在逐渐收敛的情况（田云，2015；郇红艳，2019；袁芳等，2020；欧阳昌等，2022）。其中，田伟和柳思维（2012）通过对中国 1998—2010 年期间 30 个省份的农业生产技术效率进行科学分析，最终研究结果表明中国农业生产的技术效率的平均值处于较高水平，但是在各个地区之间技术效率目前还存在较为明显的差异，且不同农业生产区域之间的农业生产技术效率也呈现出各不相同的收敛特征。韩中（2013）基于 1978—2008 年农业生产面板数据，采用 DEA-Malmquist 指数方法，度量年际间中国农业全要素生产的时空维度分布情况，并对其进行了收敛性检验。郭小年和阮萍（2014）通过对中国西部退耕还林地区农户的农业生产效率进行了收敛性分析，结果表明中国西部地区农户的农业生产效率并不存在 δ 收敛，但存在绝对 β 收敛以及条件 β 收敛，在一定程度上说明了中国实行西部大开发战略以来所坚持的退耕还林工程政策的实施，在短期内使得这一长期性的收敛趋势发生了一点的延缓。刘荣鑫（2014）同样运用了 DEA-Malmquist 生产率指数法，山东省 17 个地级市的农业全要素生产率收敛性进行了检验，研究结果表明山东省农业具有较为明显的区域差异性并且各地级市农业全要素生产率差异并没有随着时间的推移而缩小。李欠男等（2019）运用 DEA-Malmquist 生产率指数法，对 1978—2015 年中国 28 个省份（市、区）的农业全要素生产率进行测算，在现有基础之上，构建了空间误差模型进而探讨了空间相关性的收敛情况，结果表明农业全要素生产率增长在选定的时间范围内呈现出较为明显的地区非均衡性的特征。漆雁斌等（2020）基于 1994—2017 年全国 31 个省（市、自治区）的农业生产面板数据，从绿色农业生产的角度，创新性系统地度量了各省域不同时期绿色农业发展水平、空间差异性以及收敛情况，从实证的角度出发进一步厘清了以"绿色农业、生态农业"为核心的现代农业生产体系的发展脉络。目前，大多学者所采用熵值法和 SBM-Undesirable 模型、泰尔指数、空间杜宾模型等诸多方法，系统地研究了我国农业绿色生产率所存在的时空差异性以及不同的驱动因素，结果表明我国各省份之间的农业绿色生产率的时空差异性较大，并且存在一定的空间相关性。如周霞和李昕欣（2021）基于 2010—2019 年农业生产面板数据，采用 σ 收敛指数和绝对 β 收敛指数分析测度了山东省及鲁东沿海、鲁西平原、鲁中平原、鲁中山区的绿色农业不同阶段的发展水平、空间差异性以及收敛特征，结果表明山东省及其五大绿色农业区的绿色农业生产相关水平较低，并且地区差异较为明显，但是差异整体在随着时间的推移呈现出缩小的趋势。

3. 关于农业生产效率的影响因素研究

由于我国各个地区自然资源禀赋差异较大，各地区农业生产的基础设施、科技投入等千差万别，且这些因素对农业生产效率均产生重要影响。国内诸多学者对农业生产效率的主要影响因素进行了深入研究，主要集中在自然因素、科技投入、人力资本投入、农业基础设施建设、农业政策和规模化生产等方面（张新蕾，2019；姜宇博等，2020；常甜甜等，2022；王丽娟等，2022）。

（1）自然因素对农业生产效率的影响。不仅社会经济因素，同样地自然因素也会对农业生产效率有着显著的影响，且不同地区存在差异（郭建平，2015；叶文忠等，2018；黄昌硕等，2018）。常浩娟等（2013）以测算的 31 个省（市、区）的农业生产效率为基础，得出农业灾害都对农业生产效率有一定的负向作用。史晓蓉（2016）在对农业生产效率影响因素进行分析时，认为自然因素是影响农业生产效率的关键性因素，自然灾害尤其是旱灾对农业生产效率的影响较大。傅东平和王鑫（2017）基于广西各地级市 2006—2014 年的面板数据，利用线性回归的方法研究了气候变化对广西全区及 5 大经济区域农业生产效率的影响，结果发现近年的气候变化对农业生产效率有负面影响。汪言在和刘大伟（2017）也认为重庆极端干旱事件对农业全要素生产率增长产生显著的负面影响。屈秋实等（2021）基于 2000—2018 年大湄公河次区域 5 国 1 省的面板数据，通过数据包络分析模型测算区域内农业生产效率，分析大湄公河次区域农业生产效率的时空特征及其影响因素，认为气候水文因素是影响农业生产效率的最主要因素。而王珏等（2010）运用 Malmquist 指数方法对中国各地区 1992—2007 年的农业全要素生产率进行了测算，并建立了空间计量模型对影响中国各地区农业全要素生产率的因素进行了实证分析，结果显示自然环境对农业全要素生产率增长的影响并不显著。因此，不同的自然因素对农业生产效率的影响也不同，有利有弊，对于不同自然因素的影响，应当因地制宜，采取相应的措施来应对气候变化。

（2）科技投入对农业生产效率的影响。国内诸多学者认为农业科技投入促进了农业生产率水平的提高（周宁，2009；林冲，2013；黎明，2018）。其中，李纪生和陈超（2010）通过对我国省域农业科研投资的空间关联及其生产率增长效应进行空间计量回归，结果表明农业科研投资对农业生产率的增长具有显著的正向影响，进一步增加对农业的科研投资能够有效加速农业技术扩散，促进生产率的增长。李纪生等（2010）、张淑辉和陈建成（2013）同样证实了农业科研对农业生产率具有促进作用。曹祖文（2014）也认为科技水平提升对农业生产效率具有正向影响，但不同地区具有一定差异。陈鸣和周发明（2016）以中国 1997—2013 年 31

个省级区域的面板数据为例，运用门槛模型研究农业科技投入与农业生产效率关系，得出在农地经营规模的不同区间内，农业科技投资对农业生产效率的提升作用存在差异，科技驱动效应随着农地经营规模扩大而提高。而周鹏飞和沈洋（2022）运用随机效应 Tobit 模型对可能影响农业生产效率的宏观外部因素进行验证，认为在重庆市在推进城镇化的进程中，重庆市的城镇化在整体上是不利于提高农业生产效率的，技术效率损失造成的全要素生产率下降。王辰璇和姚佐文（2021）则认为农村科技投入对农业生产效率影响呈现为倒"U"形。总之，科技投入对农业生产效率产生的影响，诸多学者持不同观点。

（3）人力资本投入对农业生产效率的影响。人力资本投入对农业生产效率具有重要影响（肖小勇和李秋萍，2012；韩海彬等，2014；尹朝静，2017；罗梓洋，2019）。匡远凤（2012）认为人力资本积累对中国省份农业劳动生产率的增长具有促进作用。而朱丽莉（2013）认为人力资本流动虽然在一定程度上促进农业技术的进步，但是对农业技术效率的提升影响力较弱。随后郭晓鸣和左喆瑜（2015）将劳动力的年龄作为研究方向，通过四川省富顺、安岳、中江三县的农户微观调研数据，建立随机前沿生产函数模型和效率损失模型对农户技术选择与技术效率进行分析，发现老龄化农业并不是完全悲观的，有其存在的合理性与现实意义，相较于青壮年农业劳动力，老龄农业劳动力的技术效率更具优势。周晓时等（2018）则将人力资本与耕地规模两者综合考虑，通过对人力资本、耕地规模与农业生产效率的研究，认为人力资本对农业生产效率的影响会因为耕地规模的不同而呈现非线性区间关系，人力资本要发挥出生产率效应，需要有一定的经营规模才能与之匹配。许波等（2022）基于 2010—2020 年湖南省 14 个市州的面板数据，运用多元线性回归模型分析湖南省农业生产效率的影响因素，结果表明人力资源投入是湖南省农业生产效率最主要的影响因素。

（4）农业基础设施建设对农业生产效率的影响（王志，2008；李宗璋等，2012；李邦熹，2019；罗贤禄和廖小菲，2021）。邓晓兰和鄢伟波（2018）通过动态面板差分 GMM 方法检验农村灌溉、道路、电力和医疗基础设施对我国农业全要素生产率的溢出效应，结果表明农村基础设施都能对农业全要素生产率产生明显的溢出效应，且灌溉基础设施的作用最明显，其次为医疗基础设施，高于道路和电力基础设施。而李谷成等（2015）则认为农电设施对农业全要素生产率没有显著影响，公路设施能够显著促进农业全要素生产率提高，而灌溉设施却显著降低了农业全要素生产率。杨钧等（2019）采用 1998—2015 年省份面板数据，将空间杜宾模型和偏微分效应分解方法相结合，研究了农业全要素生产率驱动因素，得出农村基础设施对本地区和邻近地区的农业全要素生产率均有正向溢出效应。刘琼和肖海峰（2021）以粮食主产区为研究对象，运用超效率 SBM 模型测度 1998—2017 年各省农业生产效率，并借助空间 Durbin 模型和面板门槛模型，分析该区域农村交通基础设施对农业生产效率的空间溢出效应及门槛效应，研究结果表明农村交通基础设施对农业生产效率存在显著的正向空间溢出效应。

（5）农业政策对农业生产效率的影响。农业政策对我国农业发展具有关键性作用（郑循刚，2009；高欣和张安录，2017；杨桐彬等，2020）。杜文杰（2009）基于我国 1979—2005 年 29 个省（市、自治区）农业生产技术效率以及我国农业政策改革的不同阶段性，分析不同阶段的农业生产技术效率，结果表明年际间农业改革政策的有效性随着时间延续在降低。同样地，王蕾等（2019）选取 2009 年、2013 年、2016 年的省级面板数据，运用三阶段 DEA 模型，对农业生产效率的时空差异进行了实证分析，结果表明国家政策对农业生产效率提高有重要的促进作用，也得出了政策效应随着时间的推移有所减弱的结论，并且还存在明显的地域差异。王丽娜（2022）则基于超效率 SBM 模型测算中国 2012—2020 年各省份农业绿色生产效率，并利用 Tobit 模型实证分析农业绿色生产效率的影响因素及影响程度，结果发现农业生态补偿政策是促进农业绿色生产效率增长的重要原因之一。沈惟强和徐相泽（2022）基于 2007—2019 年中国 31 个各省（市、自治区）的面板数据，通过随机效应模型对本年度农业保险赔偿金和下一年度农业生产效率进行回归分析，结果表明，农业保险补偿金与农业生产效率呈正相关关系。总体来说，大部分学者皆认为合理的农业政策将有助于农业生产效率的提高。

（6）规模化生产对农业生产效率的影响（刘玉铭和刘伟，2007；许庆等，2011；王亚辉等，2017；张晓恒和刘余，2018）。李谷成等（2010）采用 1999—2003 年湖北省农户调查数据，通过计量分析考察了农户生产效率与生产规模之间的关系，认为农业生产效率与规模之间存在的负向关系。而大部分学者认为规模化生产对农业生产效率具有正向促进作用，如刘天军和蔡起华（2013）采用贝叶斯随机前沿估计方法对陕西省 210 个猕猴桃农户的微观调查数据进行实证分析，结果表明经营规模的扩大对农户生产技术效率具有显著的正向影响。张宇等（2015）以内蒙古自治区 11 个盟市为研究对象，通过数据包络分析法（DEA）测算出各盟市农业生产效率，并使用 Tobit 回归模型分析影响农业生产效率的因素，结果表明农业规模化生产对农业生产效率有明显正向作用。同样地，贾舒涵等（2021）选取山东省 2009—2019 年各地区的面板数据，运用超效率 SBM 模型测算山东省智慧农业生产效率，并采用 ESDA 方法分析空间演化趋势，再建立 Tobit 模型探讨其影响因素，得出农业规模化水平对山东省智慧农业生产效率具有显著促进作用。

综上所述，现有文献对农业生产率的研究方法、空间差异及收敛性、影响因素进行了大量的探索，既丰富了农业生产率的研究方法，也拓展研究范围和研究思路，为探索农业碳排放效率提升途径奠定了理论和实践基础。根据国内外的研究成果可以看出，大多学者更倾向于通过实证方法来分析实际问题，不同国家的资源禀赋情况以及农业生产条件具有较大差异，故而各国研究农业生产效率的侧重点不尽相同以及得出农业生产效率结论也存在较大差异。对于我国的农业生产效率研究而言，大多研究是在国外学者研究成果的基础上对研究方法进行进一步创新，并根据研究目的和地区农业生产条件，开展农业生产效率的相关研究。纵观国内外现有文献，笔者认为还存在以下问题有待深入研究：

（1）在农业生产效率测算方面，现有文献大多研究采用不同方法、从不同视角对农业生产效率进行了探究，但大部分采用的是传统效率测算方法，鲜有考虑农业生产过程中产生的农业碳排放问题，缺乏考虑非期望产出（农业碳排放量）的农业生产效率对比分析，不利于对农业生产效率进行广度和深度分析。

（2）在农业生产效率的收敛性分析方面，首先，新古典经济模型仅仅关注单个经济体能否趋于自身的稳态，而忽视了不同经济单元增长绩效的比较与分布变化，这会导致条件收敛检验偏离了研究收敛性的初衷。目前关于农业效率的研究只关注农业投入与经济产出的关系，忽略了农业生产对环境的影响。特别地，粗放式的农业生产方式已对生态环境造成严重破坏，只有将农业生产活动对环境的影响考虑在内，才能全面客观评价农业效率。因此，在对农业效率进行评估时，需将农业碳排放等对环境造成负面影响的因素考虑进去。尽管当前研究对我国农业生产效率给予了高度关注，但鲜有对长江经济带农业碳排放效率的深入研究，尚未具体刻画出地级（直辖）市间农业碳排放效率的动态变化机制。其次，存在少量文献研究农业生产效率的俱乐部收敛，但未有对其进行深入研究，给出准确找出俱乐部收敛的方法。再次，鲜有文献采用核密度估计和马尔可夫连法对地级

（直辖）市的农业碳排放效率增长进行分布动态分析，反映长江经济带的不同地级（直辖）市间农业碳排放效率差异的长期的动态演进规律。

（3）在农业碳排放效率的影响因素分析方面，关于农业生产效率的影响因素研究方法主要集中在传统计量方法，其要求各个样本之间相互独立。然而由地理学第一定律可知，事物之间存在相互关联，距离越近，则相关性越高；反之，则越低。由此可知，不同地区的经济行为存在空间效应。因此，传统计量经济模型忽视了空间效应，导致回归结果存在偏误。现有将空间地理因素纳入地级（直辖）市农业碳排放效率的影响因素分析框架中的文献较少，尤其缺乏针对长江经济带农业碳排放效率的系统研究。

在此基础上，本研究首先通过化肥、农药、农膜、农业机械、农业灌溉、农业翻耕等农业碳排放碳源及其系数，并根据农业碳排放计算方法测算农业碳排放量，为测算农业碳排放效率提供数据条件；其次，构建环境约束下农业碳排放效率分析框架，并测算长江经济带农业碳排放效率；然后，采用收敛方法讨论长江经济带农业碳排放效率水平差异演进情况；再次，将空间因素纳入长江经济带农业碳排放效率影响因素分析框架中，并采用空间计量模型对长江经济带农业碳排放效率影响因素进行分析；最后，根据本研究得出的结论提出确保农业生产与环境保护协调稳定、高质量发展的对策建议，以期为相关决策者提供理论参考和实证依据。

1.3 研究目标与研究内容

1.3.1 研究目标

在推进生态文明建设、实施乡村振兴战略背景下，本研究将农业碳排放量纳入传统农业生产效率分析框架中，分析了长江经济带农业碳排放效率问题，探讨了农业碳排放效率收敛性及其空间相关性，探寻了影响长江经济带农业碳排放效率的因素，并提出了相关政策建议，最终目标是推进农业绿色发展，实现区域农业高质量发展，具体目标如下：

（1）从将农业碳排放量纳入农业生产效率分析框架中，并基于动态视角下测度长江经济带农业碳排放效率并分析其时空演变情况。

（2）测度长江经济带农业碳排放效率的收敛性，分析农业碳排放效率差异情况及其动态演变趋势。

（3）探究长江经济带农业碳排放效率的空间相关性，分析农业碳排放效率与邻近地区农业碳排放效率之间的关系。

（4）采用空间计量模型识别影响长江经济带农业碳排放效率的关键因素，分析各关键因素背后的作用机理、路径以及方向等，为提高长江经济带农业碳排放效率可持续发展水平提供参考依据。

1.3.2 研究内容

本研究基于双碳目标，将农业碳排放量纳入农业生产效率分析框架中，构建投入-产出指标体系，从动态视角来测算长江经济带农业碳排放效率并分析其时空差异。在此基础上，摸清长江经济带农业碳排放效率的收敛情况及空间相关性，研究农业碳排放效率的影响因素，推动乡村振兴，实现农业高质量发展，夯实农业安全。结合上述研究目标，按照技术路线（图1-1）展开，具体内容如下：

（1）首先，通过相关概念和理论基础搞清楚农业碳排放量与农业生产效率之间的关系，分析其内在逻辑机理，明确农业碳排放量来源及其核算公式，其次，通过文献回顾，分析国内外学者关于农业生产效率研究成果以及本研究相关理论基础，构建长江经济带农业碳排放效率分析框架。

（2）通过摸清长江经济带农业生产时空演变情况，从动态视角下测算长江经济带农业碳排放效率并对其进行分析。采用超效率SBM-ML指数测算长江经济带农业碳排放效率，并在此基础上对长江经济带农业碳排放效率时空演变进行分析，摸清长江经济带农业碳排放效率时空特征，掌握长江经济带农业碳排放效率在不同地级（直辖）市间内分布规律。

（3）长江经济带农业碳排放效率的收敛性分析。在摸清长江经济带农业碳排放效率时空差异的基础上，为了进一步挖掘不同地级（直辖）市之间农业碳排放效率在短时间和长时间的发展情况，本研究采用传统收敛方法、非线性时变因子模型、随机收敛方法、核密度函数和马尔可夫链等对长江经济带农业碳排放效率进行收敛检验。

（4）采用空间计量模型探讨长江经济带农业碳排放效率影响机制。首先，采用空间探索性方法验证长江经济带农业碳排放效率是否存在空间相关性；其次，在此基础上，基于不同空间矩阵的空间计量模型分析影响长江经济带农业碳排放效率的主要因素以及作用机理。

（5）根据上述研究结果，并指出其不足，同时就如何进一步提高长江经济带农业碳排放效率提出更加切实可行的政策建议。此外，在本研究的基础上，后续将进一步深入展望。

1.4　研究方法与数据来源

1.4.1　研究方法

本研究拟采用理论与实证研究相结合、定性与定量分析相结合、数理与统计模型相结合的研究方法。具体拟采用的研究方法有文献分析法、超效率 SBM-ML 指数、收敛性研究方法以及空间经济计量模型等方法。

（1）文献分析法

文献分析法（Literature Analysis Method）主要指搜集、鉴别、整理文献，并通过对文献的研究，形成对事实科学认识的方法。文献分析法是一项经济且有效的信息收集方法，它通过对与工作相关的现有文献进行系统性的分析来获取工作信息，可以为本研究提供坚实的概念界定、理论基础、广阔的思路和新颖的方法。主要检索和阅读大量国内外农业碳排放效率及其时空演变格局的文献，在此基础上构建了本研究的理论模型。主要包括从农业生产效率测算，影响农业生产效率的因素，农业生产效率的收敛性，农业生产效率空间计量研究等方面梳理当前国内外农业生产效率的研究进展，试图摸清当前学者对农业生产效率研究状况，为构建农业碳排放效率分析框架提供科学依据和奠定理论基础。

（2）归纳演绎法

归纳演绎法（Induction and Deduction Analysis Method）是逻辑学的研究方法。归纳法指的是由许多个别事例，从中获得一个较具概括性的规则。这种方法主要是从收集到的既有资料，加以抽丝剥茧地分析，最后得以做出一个概括性的结论。而演绎法则和归纳法相反，是从既有的结果，推论出个别特殊的情形的一种方式。由较大的范围，逐步缩小到所需的特定范围。即归纳法是由认识个别到认识一般，演绎法是由认识一般进而认识个别。在以上大量实证分析基础上，结合国内外相关研究，对本研究结果进行归纳整合和推理演绎，提出优化长江经济带各地级（直辖）市农业高质量发展空间布局，提升农业碳排放效率水平，为保障农业生产安全提供政策启示。

（3）静态分析与动态分析相结合的方法

静态分析法（Static Analysis Method）就是分析经济现象的均衡状态以及有关的经济变量达到均衡状态所具备的条件，它完全抽象掉了时间因素和具体的变化过程，是一种静止地、孤立地考察某种经济事物的方法。动态分析法（Dynamic Analysis Method）动态分析是对经济变动的实际过程所进行的分析，其中包括分析有关变量在一定时间过程中的变动，这些经济变量在变动过程中的相互影响和彼此制约的关系，以及它们在每一个时点上变动的速率等等。动态分析法的一个重要特点是考虑时间因素的影响，并把经济现象的变化当作一个连续的过程来看待。静态情况概念主要反映了不同时点上的发展水平，而动态概念重点主要在于增量概念，即以某一时点为参照的另一时点发展水平变化情况。本研究主要从静态和动态这两个角度对长江经济带农业碳排放效率水平进行全方位探讨。

（4）GIS 空间分析法

GIS 空间分析法（Spatial Analysis Method）指的是在 GIS（地理信息系统）里实现分析空间数据，即从空间数据中获取有关地理对象的空间位置、分布、形态、形成和演变等信息并进行分析。GIS 空间分析很强的空间信息分析功能是其区别于计算机地图制图系统显著特征之一。利用空间信息分析技术，通过对原始数据模型的观察和实验，可以获得新的经验和知识，并以此作为空间行为的决策依据。本研究运用 GIS 空间分析方法对长江经济带农业碳排放效率时空演变、俱乐部收敛、空间局部正相关等空间演变情况进行了综合分析。

（5）超效率 SBM-ML 指数

在大多数效率评价的研究中，存在一个共同的现象，即多个决策单元具有100％的"效率状态"，因此，在效率排序时，区分这些效率决策单元与影响因素是非常重要的（王少剑等，2020）。Super-SBM 模型是将超效率和 SBM 模型结合起来的一种模型方法。为了保证效率分析产生更合理的效率评价值。本研究首先从采用从动态的角度采用超效率 SBM-ML 模型测算长江经济带农业碳排放效率，并将其分解为技术效率指数、中性技术进步指数、投入偏向型技术进步指数、产出偏向型技术进步指数，并衡量是技术创新还是技术效率驱动的长江经济带农业碳排放效率。

（6）收敛性研究方法

通过对长江经济带农业碳排放效率的收敛性分析，有助于探索长江经济带农业碳排放效率不同地级（直辖）市间差异现状及动态演变趋势。本研究所用到的收敛性分析方法有：传统收敛方法、随机收敛和增长分布动态分析方法。首先，通过传统收敛方法对长江经济带农业碳排放效率进行收敛检验（传统收敛方法主要包括绝对 δ 收敛、绝对 β 收敛、条件 β 收敛等）。其次，采用非线性时变因子模型对长江经济带农业碳排放效率进行俱乐部收敛检验，即检验初始条件相近的地级（直辖）市内部间农业碳排放效率差异是否会逐渐消失。再次，采用随机收敛检验长江经济带农业碳排放效率差异是否长期存在。最后，采用核密度函数和马尔可夫链分析长江经济带农业碳排放效率差异的动态分布及演变情况。

（7）空间经济计量模型

学者 Anselin（1988）认为某个空间单元的经济地理现象或者属性与其邻近地区经济地理现象或者属性存在相互依赖。而传统计量经济学忽视了地理空间要素，可能会造成模型计算结果存在偏差和不科学性，由此得出的政策建议可能对某地理现象或属性指导存在误导。由于农业生产对自然条件依赖性较强，而邻近地区资源禀赋相似性较高，农业生产过程中各个生产环节极为相似，因此，农业生产不仅受到自身区域内影响因素的影响，还受相邻地区空间溢出效应的影响。本研究在充分考虑长江经济带农业碳排放效率空间效应的基础上，采用空间计量模型对长江经济带农业碳排放效率的影响因素进行分析，并在此基础上提出提高农业碳排放效率水平，推动农业高质量发展的对策建议。

1.4.2 数据来源

本研究所采用的数据主要包括：长江经济带的各个地级（直辖）市农业生产相关的统计数据、国内外期刊文献数据，其数据来源主要包括以下两方面：

（1）本研究数据为 2011—2020 年长江经济带的各个地级（直辖）市农业生产相关的面板数据。数据来源于相关年份《中国统计年鉴》《中国城市统计年鉴》《中国农村统计年鉴》《江西统计年鉴》《湖南统计年鉴》《上海统计年鉴》《江苏统计年鉴》《浙江统计年鉴》《安徽统计年鉴》《湖北统计年鉴》《重庆统计年鉴》《四川统计年鉴》《贵州统计年鉴》《云南统计年鉴》等国内可公开获得的统计资料，长江经济带的各地级（直辖）市国民经济和社会发展统计公报，部分数据基

于年鉴数据计算获得。采用的空间数据来源于国家基础地理信息数据中心提供的
1∶150 万矢量数据。

（2）国内外期刊文献数据。通过万方、维普、中国知网、百度学术、谷歌镜
像等网站下载相关权威期刊和学术论文，其主要来源于国家哲学社会科学学术期
刊数据库、Web of Science 数据库、SpringerLINK 全文数据库、ScienceDirect 数
据库、Elsevier 数据库等，为本研究提供有参考价值的信息。

1.5 本研究结构安排与技术路线

1.5.1 章节安排

本研究以长江经济带的各地级（直辖）市的农业碳排放效率为研究对象。首
先构建投入-产出指标体系，并从采用动态绩效评价对长江经济带农业碳排放效
率进行测度。其次，通过多种收敛方法测算并分析长江经济带农业碳排放效率的
收敛性。最后，采用空间计量模型对长江经济带农业碳排放效率影响因素进行探
究。本研究分为 7 章，具体结构安排如下：

第 1 章：绪论。首先，从选题背景出发分析当前面农业生产存在的问题，明
确本研究目的和意义，并阐述本研究主要研究内容；其次，根据主要内容选择合适
的研究方法，并交代本研究的主要数据来源；再次，根据本研究所要解决的问题构
思本研究的结构安排和技术路线；最后，提出本研究可能存在的创新与不足。

第 2 章：相关概念界定与理论基础。首先，厘清农业、低碳农业、农业碳排
放、生产率、农业碳排放效率的相关概念以及其历史演变；其次，结合研究内
容，选择合适的相关理论，为本研究的定量分析提供理论支撑；最后，从农业碳
排放效率测算，影响农业碳排放效率的因素，农业碳排放效率的收敛性，农业碳
排放效率的空间计量研究等方面梳理当前国内外农业碳排放效率的研究进展，为
构建农业碳排放效率分析框架提供文献借鉴。

第 3 章：长江经济带农业生产时空变化分析。首先，对长江经济带从区位特
征、自然条件、资源情况、产业发展现状、发展面临的重大挑战与机遇等概括；
其次，对长江经济带农业生产时空变化分析。从时间维度上分析了长江经济带农
业生产的农业播种面积、农业产值的时序变化；从空间维度上分析了长江经济带

农业生产的农业播种面积、农业产值、粮食总产量的空间演变，为保障农业安全及高质量发展提供学科依据。

第 4 章：长江经济带农业碳排放效率评价。首先，根据长江经济带农业生产情况以及影响农业生产的主要污染来源，对其碳排放量进行测度。由于农业生产过程中伴随着农业碳排放［主要包括二氧化碳（CO_2）、甲烷（CH_4）、氧化亚氮（N_2O）三种温室气体］和农业面源污染物（主要来源于化肥、农药、地膜等），农业碳排放总量、农业面源污染数量超过环境承载力将会对农业产出的增长造成严重制约（席利卿等，2015），从而影响农业碳排放效率测算的结果。其次，在考虑农业碳排放量的前提下，将农业碳排放量作为非期望产出纳入传统农业生产效率分析框架中，从动态方面测算长江经济带农业碳排放效率。最后，从考虑农业碳排放量方面对农业碳排放效率进行时空演变及其差异分析，摸清长江经济带农业碳排放效率时空特征，掌握农业碳排放效率在区域内分布规律，为提高农业高质量生产提供科学依据。

第 5 章：长江经济带农业碳排放效率的收敛性分析。在摸清长江经济带农业碳效率时空差异的基础上，首先采用传统收敛方法对农业碳排放效率进行收敛检验，其方法主要包括 δ 收敛、绝对 β 收敛、条件 β 收敛等；其次，采用非线性时变因子模型对农业碳排放效率进行俱乐部收敛检验；再次，运用验证性分析方法对农业碳排放效率是否存在随机收敛进行检验；最后，运用核密度函数和马尔可夫链等研究方法分析农业碳排放效率动态演变特征。

第 6 章：长江经济带农业碳排放效率影响因素分析。在摸清长江经济带农业碳排放效率时空差异以及收敛性基础上，首先分析长江经济带农业碳排放效率空间相关性的经济学机制；其次，利用空间探索性方法，主要采用全局 Moran's I 和局部 LISA 集聚图，验证长江经济带农业碳排放效率的空间相关性；最后，采用空间计量模型对长江经济带农业碳排放效率影响因素进行回归分析，旨在分析长江经济带农业碳排放效率影响因素的作用机理，提高长江经济带农业碳排放效率，促进农业可持续发展。

第 7 章：结论、政策建议与研究展望。主要包括三个部分，第一部分是对专著的研究结论进行有条理的总结概括；第二部分根据各章节的研究结论，为提高农业碳排放效率提供切实可行的政策建议；第三部分对本研究存在的不足进行阐述，对未来仍需努力的方向进行展望。

1.5.2 技术路线

根据本研究的研究思路和内容，本文的技术路线如图1-1所示。

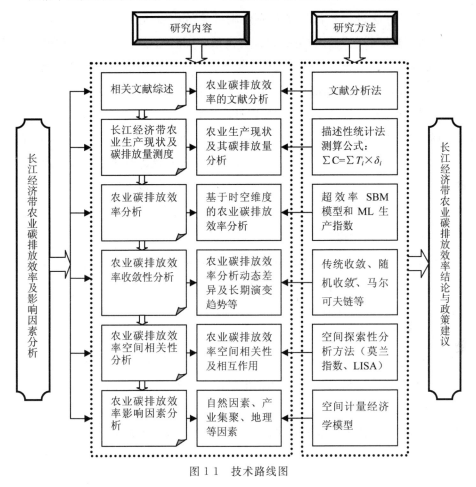

图1-1 技术路线图

1.6 创新与不足

1.6.1 可能创新

1. 在研究方法方面

采用多尺度学科交叉方法融合。首先，采用超效率SBM-ML模型测度长江经济带农业碳排放效率，避免了在大多数效率评价的研究中，存在一个共同的现象，即多个决策单元具有100％的"效率状态"，更加科学合理。其次，采用非线性时变因子模型研究长江经济带农业碳排放效率的俱乐部收敛。目前多大学者采用传统收敛方法进行长江经济带农业碳排放效率收敛性分析，这不仅可能将"短期发散、长期收敛"这种情况误判为发散，而且可能未有将同一相似属性的地区聚类穷尽。采用非线性时变因子模型不仅弥补了经典模型的不足，而且考虑了研究对象具有异质性，允许其异质性可以随着时间的变化而变化。采用增长分布动态分析方法分析长江经济带农业碳排放效率地级（直辖）市间差异以及动态演变趋势，拓宽了农业碳排放效率研究方法和视角，也扩展了现有的研究领域。最后，本研究采用空间计量模型分析长江经济带农业碳排放效率的影响因素不仅能够弥补传统计量方法忽视空间效应的不足，且传承了传统计量模型的解释变量对被解释变量的影响。

2. 在研究视角方面

本研究从历史和空间相结合的维度，对长江经济带农业生产情况进行静态与动态、时间与空间等不同角度全方位的实证分析。静态角度主要侧重于不同地级（直辖）市之间农业播种面积、农业产值等差异分析，动态角度主要侧重于农业生产的时空演变分析。此外，传统的农业碳排放效率研究主要从劳动力、土地、机械、产量等投入-产出要素视角方面着手，鲜有考虑农业碳排放量问题，使得农业生产效率测算结果与实际情况存在差异，本研究在传统农业生产效率基础上，结合长江经济带区域农业种植类型以及影响农业生产过程中主要产生的农业碳排放量，将农业碳排放量纳入农业生产效率测算指标体系中，根据动态效率模型测度长江经济带农业碳排放效率。

3. 在研究对象方面

目前，有关农业生产变化的研究主要集中在国家、省域、市域及县域等单一层面上，针对整个国家、区域以及各省（市、自治区）的交叉研究较少，对中国这样地大物博，农业受自然气候、资源禀赋影响大的农业大国来说，指导意义不大。实际上，通过不同层面的空间尺度交叉研究农业生产情况，可以更加深入揭示其变化规律及其致使其变化的背后原因。外此，现有关于农业生产效率的研究大部分是基于地级市、省级以及国家层面，而关于长江经济带农业生产效率较少，同时长江经济带是我们经济中或活力所在，本研究以长江经济带为研究对象，采用生产效率理论、收敛理论及空间计量经济学等多学科交叉融合方法分析了其农业碳排放效率，保障我国农业安全，推动乡村振兴具有重要意义。

1.6.2 不足之处

第一，本研究仅根据化肥、农药、农膜、农业机械、农业灌溉、农业翻耕等的农业碳排放碳源，测算农业碳排放量，并将其纳入农业生产效率的分析框架中，分析农业生产对农业碳排放量的影响，存在一定的不足。如农业碳排放是指在农业生产过程中人为导致的直接或间接的温室气体排放。主要包括：化肥的使用，化肥使用过程将会产生一氧化二氮、甲烷等温室气体的排放，同时化肥的生产、运输过程将会产生碳排放；农药的使用，包括其在生产运输过程中的碳排放；农膜产品的使用，包括生产过程中的碳排放；直接消耗的化石燃料的碳排放，包括农机设备的运用与灌溉设备使用；农耕过程中土壤有机碳的遗失；农作物的秸秆的燃烧。由于数据可获得性仅根据化肥、农药、农膜、农业机械、农业灌溉、农业翻耕等来测算农业生产带来的农业碳排放量不够全面。因此，如何将农业生产过程中的农业碳排放量测度指标体系科学性和全面性，缩小测度结果与真实值的差距是今后的研究方向。

第二，农业生产的过程比较复杂，本研究在分析农业碳排放效率影响因素时主要考虑了空间地理因素、农业机械投入、财政支农政策、劳动力投入、土地投入、经济发展水平、产业集聚等方面的因素。事实上，影响农业碳排放效率的因素非常广泛，除了以上因素之外，环境政策、农业生产技术革新等因素也能够对农业碳排放效率产生直接或间接影响。此外，由于时间、能力和统计资料获得渠道的限制，分析的时间序列相对比较短、且只对长江经济带农业整体进行了系统的研究，而对粮食作物、林业、畜牧业、渔业等其他农业没做进一步深入展开。今后，需要在广泛收集数据资料的基础上，对研究的时间段进一步扩展。同时，针对不同农业品种进行细化探讨，使得内容更加充实和完善，所得结论更加科学合理。

第2章　相关概念界定与理论基础

2.1　相关概念界定

2.1.1　农业

农业作为国民经济中重要的产业，有着不可替代的作用。农业是指人类以自然资源为基础，通过投入一定的劳动力、资本、技术等生产要素，控制生物的生长过程和生产方式，从而获得农产品。具体来讲，农业活动就是从事植物生长、动物饲养和微生物繁殖的主动性生产活动，农业的劳动对象和产品都是动植物本身。农业是一个复杂的生态和经济系统，农业的概念有狭义和广义之分，狭义的农业指的是种植业；广义的农业包括种植业、林业、畜牧业、渔业和农林牧渔业服务业五种产业。农业受自然条件的影响较大，不同区域的气候、地形、土壤等自然条件不同，对动植物的要求不同，从而形成不同区域生长不同品种的情况，并且植被的分布情况会随着该区域自然条件的变化而变化；农业也具有周期性和季节性，许多动植物的生长在全年中是间断的，取决于动植物的生长发育周期。

按照生产力的发展状况，可以将农业分为原始农业、古代农业、近代农业和现代农业。原始农业是农业发展的最初阶段，是从采集、狩猎开始，并使用简陋的工具，采用简单协作为主的集体劳动方式；古代农业是人们为了增加单位面积产量、提高土地利用率，从而创造新石器、发明新耕作技术的时代；到了近代农业，人们开始生产半机械化农具和一些复杂的农业机器，并将其他自然科学类成果运用到农业活动中，开始由凭借直接经验向依靠科学指导进行转变；而现代农业依靠了多种学科的研究成果，利用现代科学技术，主动的改造自然、利用自然，同时将其他产业的劳动成果投入到农业生产中，从而获得更多的农产品。

农业是人类生存和发展的基础，是出现最早的一个物质生产部门，虽然科学技术在不断的发展，但是农业在所有产业中仍处于最基础的地位，不仅为第一产业农业生产活动提供了农产品和劳动力，还为第二、三产业的许多行业提供了大量的原材料，并且也为国内生产总值贡献相当大的份额。因此，无论农业的发展趋势如何走向，依然是所有产业的基础。

2.1.2　低碳农业

农业作为立国之本，其发展状况对整个国民经济有着直接影响。低碳农业是以在保证农业效益的前提下，减少农业活动过程中所排放的温室气体为目的，通过开发技术、革新制度、改变产业结构等各种方式，使得农业发展模式由高碳向低碳转变。低碳农业的提出，是在工业革命以后，大量一次能源被资本主义开采和使用，造成了严峻的环境问题，此时，各国对环境保护的意识开始觉醒，2003 年，英国首次提出了"低碳经济"的说法，同时率先应用到工业生产当中，通过在工业生产中将化石燃料替换为清洁能源，从而减少工业生产中的碳排放。后来，由于人们为了增加农产品效益而加大化肥农药的使用，此方法也被应用到农业生产活动中。

这种低碳则是一种环境友好、高效的农业发展模式，低碳农业有以下特征：第一，低碳农业是一种节约高效型农业，通过在农业生产过程中减少各种化学药品和化石能源的投入，从而减少温室气体的排放、减少生产成本，既要保证粮食产量，又要尽可能地投入较少，这就需要大幅度的提高资源利用率，以最少的人力、物力和财力，获得更多高质量的产品；第二，低碳农业是一种优质环保型农业，由于低碳农业是要求在农业生产过程中减少对化学药品和化肥的使用，这不仅有利于生产出高质量的农产品，更有利于人们食品的安全性和保健性，此外，降低对化学品的使用也可以缓解农业对生态环境带来的破坏，对优化环境有着直接作用；第三，低碳农业还是一种现代集约型农业，它是将农业生产过程与现代科学技术相结合，通过发明新的技术，提高光、热、水、土等自然资源的利用率，在增加农产品产量的同时尽可能减少化学品的投入，从而达到投入最少资源达到最大效益的目的。

随着农业的不断进步，其发展模式多种多样，目前存在的农业发展模式主要有生态农业、循环农业、有机农业和低碳农业等。这些农业发展模式均是以农业可持续发展为目的，而低碳农业的方式不仅包含了以环境友好为目的的生态农业和循环农业，同时也包含了绿色农业中使用科学技术的特性。低碳农业的本质是力求农业发展和环境保护的平衡，通过调整产业结构、技术进步、提高资源利用率，减少化学污染、温室气体排放，既不主张完全依赖化石能源，也不主张完全摒弃化肥药品，而是采用折中的方式，追求最大效益的同时达到低碳化。

2.1.3 农业碳排放

碳排放是指引起气候变暖的温室气体排放的总称，由于温室气体中的最主要的气体是二氧化碳，因此，通常碳排放被理解为二氧化碳的排放。人类的任何行为都有可能造成碳排放，其中二氧化碳的主要来源是化石燃料的燃烧，大多来源于工厂、化工企业等。在日常生活中，汽车尾气、煤炭取暖、秸秆焚烧以及空调制冷时泄露的氢氟碳化物都会产生大量的温室气体，导致气候变暖，从而使海平面上升、威胁人类和动植物的居住环境。

通过查阅文献可知，张广胜（2014）提出农业碳排放是指农业领域中的温室气体排放，主要包括二氧化碳、甲烷、氧化亚氮三种温室气体。李波（2011）指出农业碳排放是指在农业生产过程中，化肥农药的使用、能源的消耗和土地翻耕灌溉过程中直接或间接造成的温室气体的排放。董明涛（2016）运用灰色关联分析各农业产业对农业碳排放的影响，结果表明不同的农业产业类型所产生的碳排放量明显不同，其中碳排放量最多的是种植业，其次是畜牧业，最后是林业和渔业。农业碳排放气体主要由二氧化碳、甲烷、氧化亚氮三种气体构成，最主要的是二氧化碳气体。农业碳排放的来源多种多样，主要有以下四个方面：一是来源于农地利用，主要是由于滥用化肥、农膜、农药等，消耗大量的化石能源产生温室气体，以及在种植植物时进行土地翻耕，也会从土壤中释放出由微生物分解的二氧化碳；二是来源于禽畜养殖，动物的生存必须要利用氧气释放出二氧化碳，而大量畜牧生产所产生的温室气体排放量不言而喻，并且对于非反刍动物来说，由于其具有特殊的消化系统，瘤胃会通过打嗝的方式将甲烷一并排出体外，而甲烷在大气中是难以被降解的；三是来源于农业废弃物的处理，人类在农业生产过程中会产生农作物秸秆、家禽粪便等废弃物，如果处理不当会造成大量的农业碳排放，无论是焚烧秸秆还是发酵粪便都会释放出温室气体；四是来源于水稻种植，土壤中会有腐烂的植物体等有机物，在淹水的条件下，这些有机物会被甲烷细菌分解，从而产生大量的甲烷。

2.1.4　生产率及其历史演进

1. 生产率的概念

生产率是衡量一个国家或一个地区发展水平的重要指标，由索洛的增长模型中构造出来的生产率对经济发展起到了指导作用，使得经济增长达到新高度，并且告诉人们经济的长期增长需要资本投入，更需要增加劳动力，不仅要增加劳动力的数量，还要依靠科学技术培育出高素质、多技能的劳动力。所谓生产率，一般是指资源开发利用的效率，通常包括人力、物力、财力资源等，其基本内涵是产出与投入的比值。生产率反映了这些生产要素对经济的增长都有一定的贡献力，并且通过比值也可以观察出资源配置、科学技术水平和劳动力等各要素对经济增长的影响程度。

生产率可以分为单要素生产率和多要素生产率，单要素生产率是指单个要素的产出比，通常有资本生产力、劳动生产率、土地生产率等；而多要素生产率，也就是全要素生产率，也叫作系统生产率，是系统中各个要素的综合生产率。新古典经济增长理论不仅对经济增长理论有重要贡献，对全要素生产率领域的研究也有具有指导意义。全要素生产率的含义在早期的经济研究中许多学者都给出过定义，所谓全要素生产率就是各类生产要素投入生产时的技术经济效率（汪海波，1989)，用途最广泛的定义是排除资本、劳动力这些生产要素的投入而对经济增长带来的效益后，其他所有生产要素对经济增长带来的贡献，可以看出，全要素生产率是一个余值，因此，全要素生产率也被称为"索洛残差"。很容易可以看出，全要素生产率所获得出的信息更加丰富、全面，能更好地反映经济发展的整体水平。全要素生产率来源于效率的改善、技术的进步以及规模效应这三个方面，以此来反映一个国家在一定时期为了经济发展表现出的能力和努力程度。

2. 生产率的历史演进

生产率是一个伟大的发现，对我们现实经济发展有着相当大的作用，这也是一大批经济学家、统计学家以及数学家们共同努力的结果。而在研究中，全要素生产率的概念一直都存在分歧。

首先，从定性的角度来看，在马克思的观点中，生产过程的前提是劳动过程，所以要分析生产过程就要从劳动过程出发。因此，在世界第二次大战前的生产率概念就指的是劳动生产率，是通过单一生产要素投入量与产出量之比计算而来，其本质是一个单要素生产率。1942 年，丁伯根提出了全要素生产率的概念，他指出全要素生产率只包括劳动和资本要素的投入，不包含其他一些无形要素的投入。1951 年，美国经济学家肯德里克指出全要素生产率要将所有生产要素联系起来考察，才能真正反映出生产过程的整体变化情况。同时，希朗·戴维斯在《生产率核算》中也提出全要素生产率要包含劳动力、资本、原材料等所有的生产要素。随后，法布里坎进一步提出他认为生产率是以经验为依据的投入与产出的比率。

其次，从定量的角度来看，全要素生产率的测算法方法分为参数方法和非参数方法。常用的参数方法有索洛余值法、增长核算法以及随机前沿模型等，其中，索洛余值法是由美国经济学家罗伯特索洛通过从数量上确定出产出增长率、全要素生产率增长率以及各投入要素增长率的产出效应之间的关系，并且首次将技术要素纳入模型中，从而建立了著名的索洛模型；增长核算法是在总量生产函数框架的基础上，将计算出的劳动和资本等生产要素对经济发展的贡献扣除掉，再将剩下的各要素对经济增长的影响作为全要素生产率（海蕊，2022）。常用的非参数方法有指数分析法、数据包络分析法等。以数据包络分析为基础的指数分析法就是在概念上和经验估算上将生产率拆分为技术进步、效率改善和规模效率改善（郑京海和胡鞍钢，2005）。不仅考虑到生产资源要发生变化，也考虑到科学技术同样要进步。然而数据包络分析法的不足之处在于，由于实际问题会因为随机误差的存在而导致偏差，但数据包络分析法忽视了随机误差的影响（韩东亚和刘宏伟，2019）。而随机前沿模型考虑了随机误差的存在，可以大大提高计算结果的准确性。

2.1.5 农业碳排放效率

20 世纪 90 年代以来，我国进入了经济快速发展的时期，碳排放量也随之增加，目前我国的碳排放量已经超越了美国，成为全球排放量最多的国家。碳排放效率也逐渐成为学术界的重要研究话题，受国内外学者的关注，然而目前学术界对碳排放效率没有一个明确的定义。对于碳排放效率的含义运用最广泛的是以较少的二氧化碳排放量来获取较高的经济增长和较少的能源消耗（马大来等，

2015)。由于能源的消耗是碳排放的最大来源，因此，大多学者对于碳排放效率的研究是从能源效率的定义着手的，能源效率是指单位能源所带来的经济利益，所考虑的是能源的利用率问题，而能源效率属于碳排放效率中的单要素效率，尽管在测算和分析上较为清晰，但只能分析出单一要素的投入和产出关系，无法全面高效的反应研究对象的碳排放效率。Kaya 和 Yokobri 首次提出了碳生产率的概念，指出碳生产率是国内生产总值与同期生产的二氧化碳排放之比，反映了人类在发展经济的同时考虑到了减少温室气体排放的问题。无论是基于国内生产总值角度还是能源消耗角度，最终都是从二氧化碳排放量出发。结合相关学者的研究，对农业碳排放的定义是考虑劳动、资源等各项投入要素，用更少的碳排放获得更多的农业经济产出，实际上，农业碳排放效率就是反映了在产生农业经济效益的同时，所产生的碳排放的多少。

2.2　理论基础

2.2.1　新空间经济学理论

在现实生活中，我们经常会发现经济活动分布不平衡的现象，有些核心城市经济发展快、人口密度大，同样也存在一些人烟稀少的偏远乡村。然而，传统的经济理论将产生这种空间分布不均衡的原因归结为资源匮乏、地理位置以及风俗习惯等；空间经济学将其归结为厂商、产业、经济活动三位一体的相互作用。空间经济学研究的就是这种财富和人口的空间分布不均衡的问题，以及揭示了导致经营活动空间分布不均衡的经济原因。广义上，空间经济学融合了一切关于空间维度的经济学分支学科，包括区位理论、区域经济学、经济地理学、城市经济学、运输经济学等（许萍萍，2018）。空间经济学的发展经历了很长时间，由 1826 年德国农业科学家冯·屠能撰写的《孤立国同农业和国民经济的关系》逐渐兴起，他运用中心城市和周围土地的模型，成功开启了农业区位问题的研究；随后区位论沿用到工业，韦伯发表了《工业区位论》，开创了空间经济学中工业布局的研究。尽管区位理论拥有悠久的发展历史，但一直没有被纳入经济学主流，克鲁格曼曾说道不是因为区位问题不重要，只是由于经济学家目前没有可以将空间因素纳入的经济模型，也就无法将空间因素进行模型化，因此，关于空间分布的经济问题只能停滞不前。后来，麻省理工学院发表了克鲁格曼的著作《地理和贸易》《发展、地理和经济理论》以及《空间经济：城市、区域和国际贸易》，其中也包含了空间基本模型，从此空间区位对经济发展的重要性引起了人们的高度重视。在 20 世纪 50 年代，空间经济学才终于成为了一个单独的研究方向。

周天勇（2005）总结了传统的空间经济学存在的局限性，传统经济学忽视了国际分工导致的区位和发展模式、忽视多个区域之间的合作和竞争格局以及忽视了不同区域相互联系构成的共同利益，并将其归结为不同空间单元都可以组成为一个利益共同体或是统一的经济区域，这也为新空间经济学奠定了理论基础。随后，国内学者杨开忠于 2019 年提出了新空间经济学，他指出知识、创新来源于人才，要聚集人才就要推动地方品质驱动发展，一方面是要注重地方不可贸易品数量、多样性以及质量，另一方面是要控制好地方规模、功能、布局以及制度（杨开忠，2019）。2021 年，杨开忠等构建了空间品质驱动的新空间经济学模型，深入讨论空间品质对人才区位和人力资本增长的影响机制，提供了空间品质影响异质性人才区位选择的理论框架，并提出了空间品质对于人才区位选择的决定作用（杨开忠等，2021）。新理论经济学强调的是教育质量、医疗卫生服务、居住条件以及精神文化生活等不可贸易服务品对劳动力因素的决定作用以及人力资源对企业的核心作用，强调要打造和发展不可贸易品部门，为人力资源提供各式各样可获得的、消费便利的不可贸易服务。

2.2.2 可持续发展理论

工业革命以后，随着社会的逐步发展、人口的快速增长伴随着物质需求的不断扩大，自然资源在其中受到威胁。随着环境污染、资源危机的不断加剧，气候的变化、物种的灭绝、植被缺失以及土地荒漠化随之而来，世界上越来越多的人开始关注生态环境问题，1972 年联合国召开人类环境大会，并发表了《人类环境宣言》，呼吁人类必须重新审视当前的发展模式，并且强调了环境破坏对人类造成的后果，人类开始认识到问题的严重性。同年，罗马俱乐部发表了《增长的极限》，指出地球的支撑力是有限度的，如果不通过技术手段控制局面，那么生态环境将会危及人类的生存甚至当地球超出其承受能力时会导致世界崩溃，同时人类也意识到了一味地追求工业文明是无法持续发展的。在这一背景下，1987 年，世界环境与发展委员会在报告《我们共同的未来》中首次提出了可持续发展的概念，即可以满足当代人发展的需求，又不损害后代人满足其需求的发展，这也是一项需要长期完成的发展战略。1992 年，联合国在巴西里约热内卢举行环境与发展大会，可持续发展理论有了框架性的体系，同时得到了各国的认同，可持续发展也更加深入人心。在随后的 1992 年之后，可持续发展理论仍在不断完善和发展，这期间，联合国总结了可持续发展十年以来所取得成果以及需要继续完成的任务，并提出可持续发展仍任重而道远。

可持续发展理论的基本理论主要来源于经济学理论、可持续发展的生态学理论、人口承载力理论以及人地系统理论。可持续发展主要涉及经济、生态和社会三方面的内容：从经济方面来说，由于经济发展是国家实力和社会发展的基础，可持续发展不是为了保护环境而制止经济发展，反而是鼓励经济增长，是要求改变传统的高污染的发展模式，从而保护环境；从生态方面来说，强调发展是有限度的，经济和社会的发展要与生态环境相协调，人类的发展要在地球可承受的范围之内，在资源永续的前提下进行经济建设，才能达到可持续发展；从社会方面，强调了各个国家的发展方式可能不同、发展的具体目的可能不同，但发展的本质都是要提高人们的生活质量，创造一个平等、自由、健康的生活环境。也就是说，可持续发展的基础是生态环境，可持续发展的条件是经济发展，可持续发展的目的是社会可持续。可持续发展理论有三个基本原则，分别是公平性原则、持续性原则以及共同性原则，公平性是强调各代人之间的公平，因为地球的资源是有限的，当代人在消费的同时，应考虑后代的会有的需求，要求各代人都有选择权；持续性同样强调了我们要合理的开发和利用自然资源，让自然资源长久持续供人类使用；共同性是明确了可持续发展的范围，强调可持续发展是全球共同行动的目标，对于自然资源各国都有责任和义务，同时也要尊重各国的利益。尽管由于各国的国情不同，对于可持续发展有着不同的要求，发达国家的农业可持续发展是要保护资源环境，发展中国家则是要增加农产品的数量，但不论是哪种类型的国家，对于农业可持续发展的要求都是要保护环境，促进农业可持续。

在可持续发展理论的指导下，现代农业的可持续发展主要是利用科学技术和高知识的农膜新群体，提高生产效率，调整产业结构，在保护环境的前提下提高农作物产量。2015 年，193 个国家共同签署了《改变我们的未来：2030 可持续发展议程》，包括了经济、社会、环境三方面的可持续发展，宣布了 17 个可持续发展目标和 169 个具体目标，体现着全球对于可持续发展的雄心。

2.2.3　外部性理论

外部性理论是经济学中一个重要的内容，因为外部经济学不仅是新古典经济学的一个重要部分，也是新制度经济学的研究对象。对于外部性理论的概念，许多经济学家都各抒己见，然而马歇尔、庇古和科斯被认为是外部性理论发展史上的三座里程碑。

马歇尔对于外部性理论的贡献在于虽然他没有明确提出外部性的概念，但是他首次提出了外部经济的概念，这一概念出自与他在 1890 年发表的《经济学原理》中，他分析了单个厂商和整个行业的经济发展情况，说明了工业组织的变化与产量增加的关系，马歇尔指出任何一个企业生产规模的扩大都可以分为两种原因，第一个原因是有赖于整个行业的生产规模普遍在扩大，并将其称之为"外部经济"；第二个原因是有赖于单个企业内部资源的优化、生产效率的提高以及生产技术的进步导致的生产规模扩大，将其称为"内部经济"。尽管马歇尔没有提出外部性的概念，但是他所提出的"外部经济"的概念对于外部性的概念起到了引导作用。

庇古受其老师马歇尔"外部经济"与"内部经济"的启发，在 1924 年发表的《福利经济学》中进一步发展和完善了马歇尔的观点，形成了较为系统的外部性观点，通过研究单个企业对其他企业以及居民的影响，提出了外部性的概念，即某一经济主体对于另一经济主体产生的不能通过市场价格进行买卖的影响（张朴甜，2017），并提出了"私人收益与社会收益不一致，私人成本与社会成本不一致"意义上的外部性概念。同时，庇古提出外部性可以分为正外部性和负外部性。

在 20 世纪 60 年代，科斯在"庇古税"处理外部性问题的基础上，发表了《社会成本问题》，并且提出了"科斯定理"，即当交易费用为零时，协商不需要费用，这时双方可以自愿协商达到最优结果，并且哪一方承担后果的结局是一样的，国家也不需要进行干预；当需要交易费用时，可以先比较政府成本与市场交易成本，再来决定谁进行干预。科斯认为庇古对外部性问题的解决思路是错误的，"庇古税"采用的是"单向性"，而科斯提出外部损害是"相互的"，对于解决方案来说，科斯的想法更具有可行性（王淑贞，2012）。

外部性的定义也可以从不同的角度出发，可以从产生主体与接受主体的角度、生产与消费的角度、货币与技术的角度等。外部性具有四个特性：首先，外部性具有普遍性，是普遍存在的；其次，外部性具有积累性，外部性一般是在成本的规避和利益的获取过程中不断累计，在一定程度上形成的结果；再次，外部性具有不均衡性，因为在不同领域和不同主题之间，外部性面向的对象不同，使得受益群体和受损群体不同；最后，外部性具有复杂性，由于受影响方的关系是复杂多样的，受影响方受到的影响是间接的，因此，呈现出外部性系统的复杂性（高文文等，2012）。

2.2.4　低碳农业经济理论

低碳经济和低碳农业是人类生存的基础，是一个国家可持续发展的必然选择。低碳农业与文化教育、制度建设以及科学技术发展密不可分，随着技术的进步、环境的迫切需求，我们要把低碳落到实处，抓效益抓效率，促进人与自然和谐共生。

1. 低碳经济理论

如今，全球气候变暖正在威胁着人类的生存以及人类赖以生存的生态环境，这是全球正在面临的挑战。2003 年，在这个大背景下，英国最早在能源白皮书《我们能源的未来：创建低碳经济》中首次提出了低碳经济的概念，低碳经济是一种减少能源消耗、环境污染的新发展方式，是指在可持续发展理念指导下，通过技术创新、制度创新、产业转型等多种方式，努力减少石油、煤炭等能源的消耗，进而减少温室气体排放，从而使得经济发展与保护环境达到平衡的一种发展形态。低碳经济的实质是通过提高科学技术来改变对能源的消耗方式，最终达到减少温室气体排放的目的。2007 年，为了应对气候变化的问题，联合国制订了"巴厘岛路线图"，并且各国同意共同采取行动达成合作、减少全球温室气体的排放量。

低碳经济有三方面的内涵：在环境方面，低碳经济促进经济与生态环境的协调发展；在经济方面，减少经济对于化石能源的消耗，提倡使用清洁能源；在人类观念方面，改变人类高碳消费方式，鼓励人们节能减排。如今，有许多学者对低碳经济展开了讨论。邬彩霞（2021）将能源流和资源流加到低碳发展系统中、将就业和民生等要素加入经济社会发展系统中，构建低碳发展—经济社会发展协同度模型，指出了低碳经济的转变提高了我国经济发展、改善了民生，实现了低碳发展与经济发展的协同共赢。

尽管高碳向低碳的转变限制了一些市场，但低碳经济的发展没有导致人们生活水平降低、社会福利下降；尽管低碳经济要求减少化石能源的使用、温室气体的排放，但相同条件下，低碳经济没有减少人们的能源服务。低碳经济的目的是要将大气中的温室气体含量保持在一个相对适宜的水平，使人类的生活环境相对稳定，不会使得全球变暖影响人类的生存和发展，最终实现人与自然和谐共生。然而低碳经济是一个经济、社会、环境相互作用的综合性系统，低碳经济的发展需要全球共同以低碳经济理论为指导，需要全人类的共同行动，需要各产业共同采取低碳技术、提高能源利用率，努力实现可持续发展。

2. 低碳农业理论

在农业发展过程中，计划经济时期的传统农业生产方式效率低、耗能高、收益低，随着人们生活质量的提高、技术的进步以及思想意识的改变，逐步推进了低碳农业的出现，将传统农业生产向低碳农业转变。2007年，我国学者鲍健首次提出了要发展低碳农业，由我国学者王昀首次提出了低碳农业的概念，他认为低碳农业是低碳经济的有机组成部分，是低碳经济在实际生产过程中的具体形式，所谓的低碳农业就是在农业生产活动中获得最大收益的同时，排放出最少的温室气体，即"低能耗、低污染、低排放"。高文玲等（2011）提出低碳农业本质上是一种科技型高效率能量转换生态经济系统，它相对于依赖化石能源的高碳农业来说，是一种节能型农业生产技术体系。

低碳农业最主要的要求就是达到低碳排放的目的，其中包括两种方式：一是控制农业的碳排放，在农业生产过程中，会涉及农药、化肥、农膜以及化石能源的使用，造成大量温室气体的排放，而低碳就是通过先进科学技术以及其他形式的管理方式来控制温室气体的排放，达到低碳的效果；二是充分发挥农业的碳汇功能，树木、农作物等可以通过光合作用吸收空气中的二氧化碳，将其封存在土壤中，尽可能减少农业生产中的温室气体，从而也能达到低碳的目的。农业不同于工业，不仅是第二大碳源，也是重要的碳汇，其碳排放来源与环境污染来源相同，弱化碳排放、增强碳汇功能正是农业生产过程中减少碳排放的两种方式。因此，结合长江流域的特征来说，低碳农业既可以发展其经济效益，也可以兼顾其生态环境（闫烁，2021），是农业可持续发展的必然选择，同时，发展低碳农业不仅可以减少温室气体排放，还可以高效利用农业废弃物，体现了低碳农业节约

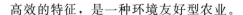

高效的特征，是一种环境友好型农业。

在低碳农业理论的指导下，通过现代科学技术，现代农业在生产过程中应尽量减少农药、化学品的使用，增加碳汇技术充分发挥植物的碳汇功能，改变原有不合理的生产经营管理方式，在保证农业生产安全的前提下，减少二氧化碳含量、改善生态环境质量。

2.2.5 环境经济学理论

环境经济学最早兴起于 20 世纪 50—60 年代，当时的西方发达国家环境污染极其严重，给人类健康甚至生命造成严重威胁，引起许多经济学家重新考虑传统经济定义的局限性，从而把环境引入到经济学研究中。

经济发展造成严重环境污染，主要是由于环境具有公共品属性，加上环境资源产权制度缺失，导致缺乏市场机制去防止对环境的污染。长期以来，人们把自然资源看成是免费资源，并不断获取以追求经济增长。这种盲目追求经济增长的发展方式，在生产规模不大、人口数量不多时，对环境的影响尚在环境承载力之内，不会造成严重的环境污染和生态破坏。但到了 20 世纪 50 年代，社会生产规模迅速扩大，人口数量迅速增加，经济密度不断提高，排入环境的废弃物数量大大超过了环境承载力，从自然环境中获取的资源数量大大超过了其再生殖能力，干扰了自然界的正常循环，造成了严重的环境污染和资源枯竭。根据科斯定理，有效的产权分配能解决这一困境，但产权分配有效解决市场失灵的前提是政府以第三方的身份介入，例如政府设置污染排放、温室气体排放权，并将初始权利合理分配给市场参与者。

经济学家认为环境问题实质上是一个经济问题，应该运用经济学理论解决环境污染问题。瓦西里·里昂惕夫最早从宏观上定量分析环境保护与经济发展的关系，指出环境政策对经济发展的影响以及如何促进经济发展与环境保护协同发展。由于以 GDP 指数为核心的国民经济核算体系只重视核算经济的投入和产出，而忽视生态环境资本投入和产出的核算。在 20 世纪 70 年代，经济学家指出有必要把环境因素引入到现行的国民经济核算体系，即把环境因素引入 GDP 指数以构造"绿色 GDP"。Scott J. Callan（2006）在其著作《环境经济学》中指出，各国环境管理政策手段分为两大类：行政管制方法和市场方法。其中，行政管制方法是指通过规制或标准以直接管制污染者的政策，该方法较为传统，在大多数国家奏效迅速，但它缺乏灵活性，执行成本过高，对技术进步激励有限，可能存在生产者通过寻租逃避管制的现象，使政策的有效性降低；市场方法是指通过对环境质量或污染定价，使环保产品和服务具有市场价值，并能在市场上进行交易，从而激励生产者的环保行为。

我国农业农村领域碳排放主要包括农业生产过程当中产生的甲烷和氧化亚氮等温室气体排放，以及农机具运行和农村生活所消耗化石能源形成的直接二氧化碳排放。但由于各种原因，目前农业农村领域的温室气体排放暂不包括农业生产活动中所使用的化肥、农药、饲料等外部投入品生产，以及农业生产所使用的电力等导致的间接碳排放。对生态环境也造成了严重破坏，如重金属污染、地下水超采、石漠化、生态严重退化等。因此，为了促进农业产值增长和环境协调发展，本研究在环境经济学理论的指导下，将农业碳排放量纳入农业生产效率分析框架，分析农业碳排放量约束下农业生产效率及其时空演变情况，并通过影响因素分析提出提高期望产出、降低非期望产出的有效对策。

2.2.6 经济增长理论

经济增长理论是生产效率产生和发展的源泉。经济增长的相关理论大致可以分为三个阶段：古典经济增长理论、新古典经济增长理论、新经济增长理论。

1. 古典经济增长理论

古典经济增长理论出现的时代背景是英国的政治、社会、经济环境处于大变革时期，工业革命已经拉开序幕，经济学家需要对工业资本的运行方式、影响因素等进行科学分析。古典经济学家对经济增长的研究主要是分析经济增长的决定性因素，其中研究成果比较多的经济学家主要有亚当·斯密、大卫·李嘉图等人。

亚当·斯密在 1776 年出版的代表著作《国民财富的性质和原因的研究》中指出国民财富增加的决定性因素是生产性劳动与劳动的比例以及劳动分工引起的劳动生产率的提高。某个人劳动产品的需求增加，他的工资便会上涨，这样他的劳动生产率将会提高，他对其他人劳动产品的需求也将会增加。因此，劳动生产率和劳动产品的需求是相互促进的，这种相互促进的关系直接推动了经济增长。同时，亚当·斯密提出"生产性"劳动可以创造社会财富，而"非生产性"劳动不能产生财富。这说明经济增长取决于劳动者从事生产性劳动的比例。他认为在社会大生产过程中精细的劳动分工能有效提高劳动者的熟练程度，将会提高劳动生产率。

大卫·李嘉图在《政治经济学及赋税原理》一书中，提出了一个重要概念：边际报酬递减规律。他认为边际报酬递减规律和土地供给数量的不足将会使得经济增长最终走向停止。原因主要有三点：首先，随着一个国家人口数量的不断增长，对土地产出的需求不断增加，但由于土地供给数量有限，只能增加对土地的投入。根据边际报酬递减规律，增加同样的投入得到的产出数量将不断减少，直至为零，即土地产出数量不再增加。其次，在边际报酬递减规律作用下，土地这种生产要素的价格将不断提高，从而企业生产成本不断增加，利润不断减少，直至为零。当企业利润为零时，企业不再增加投资，这样社会资本也不再增加。古典经济认为，投资和资本累积过程是经济增长的核心，因此，当企业不再投资时，经济不再增长。最后，土地价格的上升，土地所有者的收入将会增加，但土地所有者不进行生产性投资，社会资本停止累积，经济停止增长。但从那以后的200多年里，经济增长并没有出现停止迹象，这表明古典经济增长理论并不是完全正确的。从后来经济学理论的发展来看，古典经济增长理论最大的缺陷在于忽视了技术进步。

2. 新古典经济增长理论

20世纪40年代以来，英国经济学家哈罗德和美国经济学家多马根据凯恩斯收入决定论的思想，推演出"哈罗德-多马"模型。该模型突出了"资本积累"在经济增长中的决定性作用，它假设不存在技术进步，这是不符合现实情况的。随着经济的发展，社会的进步，科技不可能一直停留在当初的水平。同时，该模型认为当实际增长率等于有保证的增长率即"与人们想要进行的那个储蓄以及人们拥有为实现其目的而需要的资本货物额相适应的"增长率时，经济能实现稳定增长。但现实中，二者相等是很难的。为了克服"哈罗德-多马"模型的缺陷，20世纪50年代罗伯特·索洛、萨缪尔逊等经济学家提出了新古典经济增长理论。新古典经济增长理论认为，"哈罗德-多马"模型的"刀锋"增长路径是完全可以避免的，经济的稳定增长可以通过调整劳动和资本两种生产要素的投入比例来实现，但从长远角度来看，经济的长期增长需要依靠技术进步才能实现。

经济增长是经济繁荣和国民福利提高的前提，故而越来越多的学者对经济增长问题展开研究。经济学家罗伯特·索洛引入柯布-道格拉斯生产函数对经济增长进行分析，提出了新古典经济增长模型。该模型在规模收益不变、生产要素之间可以相互替代及生产要素的边际收益递减等条件下，得出所有经济体最终会收敛于同一增长速度，并且经济水平越低的国家其经济增长速度越快，经济水平越高的国家其经济增长速度越慢；资本的积累对经济增长只有水平效应，而技术进步能提高生产效率，实现经济的永久增长。新古典经济增长理论打开了经济学领域研究技术进步因素的序幕，推动了经济学的发展，但其仍具有较强的时代局限性，虽然认识到技术进步对于经济增长的作用，却无法解释技术进步的原因。

3. 新经济增长理论

新古典经济增长理论假设市场是完全竞争的，要素报酬递减和规模收益不变，但完全竞争市场在现实中几乎是不存在的。它认为所有经济体最终都会收敛于相同的增长速度，但现实中富裕地区与贫困地区经济差距在不断拉大。它将技术进步作为外生变量，而外生的技术进步远远不能揭示经济增长的内在机制。为了解决新古典经济增长理论的缺陷，经济学家保罗·罗默、罗伯特·埃默生·卢卡斯等人把研究方法聚焦在技术进步变化的原因，在收益递增和不完全竞争的假设前提下探求经济增长的根本动力，形成了新经济增长理论，又称为内生增长理论。新经济增长理论的出现标志着新古典经济发展理论向经济发展理论的融合，为长期经济增长提供理论依据。

因此，在经济增长理论的指导下，可以借鉴经验积累、人力资本投资等推动经济增长的因素，来探究长江经济带农业碳排放效率来自经济方面的影响因素。同时，将绝对收敛、条件收敛、俱乐部收敛、随机收敛以及增长分布动态分析法引入本研究，旨在探讨长江经济带各地级（直辖）市间农业碳排放效率最终是否趋向于相同的稳态水平；不同地级（直辖）市的农业碳排放效率随着时间的推移是否收敛于各自的稳态水平，以及是否存在某些地级（直辖）市的农业碳排放效率趋向于相同的稳态水平；各地级（直辖）市农业碳排放效率的稳态水平之间的差距是否长期存在；各地级（直辖）市农业碳排放效率差异的长期动态演进规律情况。

2.2.7 生产理论

生产理论主要是从生产要素投入和产出两个角度进行分析。在该理论下，生产效率是对投入和产出两个角度的解释，使得在最优生产规模下，产出最大，在此基础上形成了新的函数形式，即前沿生产函数。前沿生产函数是相对于传统生产函数的一个概念，它描述投入与最大产出之间的关系，由所有投入与最大产出组合构成的生产函数线即为生产前沿面。传统生产函数又称平均生产函数，它更多的考虑平均程度，即描述投入和产出平均值之间的关系，且生产要素多为传统生产要素，如劳动、资本等。

前沿生产函数和平均生产函数可以用图 2-1 表示，实线表示前沿生产函数，虚线表示平均生产函数。对于平均生产函数，样本实际的投入产出组合点可能高于、低于或处于平均生产函数线；对于前沿生产函数，样本实际的投入产出点低于前沿生产函数线或位于前沿生产函数线上，因此，代表当前技术水平下的最优状态。平均生产函数位于前沿生产函数下方，这是因为实际生产中效率损失较大，无法达到最优状态。由于前沿生产函数处于所有样本点之上，能够成为不同样本点效率测算的参照，因而可以根据前沿生产函数进行效率测算。

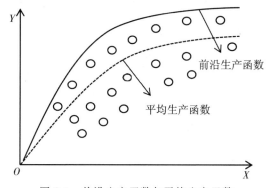

图 2-1　前沿生产函数与平均生产函数

1. 技术效率测度

由技术效率指数概念可知，技术效率可以从投入和产出两个角度进行定义。为此，技术效率的测度也可以从投入和产出两个角度进行。

（1）基于投入角度

从投入角度进行生产技术效率分析，其原理图如图 2-2 所示。在图 2-2 中，假设生产过程中只有两种生产要素，分别为 X_1 和 X_2，产出为 Y，对应的前沿生产函数为 $Y=F(X_1, X_2)$，该函数图像即为图 2-2 中的 SS_1，SS_1 为等产量线，与等成本线 AB 相切于点 Q。C、R、T、Q 分别代表四个实际生产点，C 点和 Q 点均在等成本线 AB 上，即生产要素投入水平相同，但 C 点产量小于 Q 点；T 点和 Q 点均

在等产量线 SS_1 上，均为技术有效率点，即技术效率均为1，但 T 点生产要素投入成本大于 Q 点，故而只有 Q 点实现既定技术水平下的最优状态，达到经济效率。R 点为生产非有效率点，TR 段代表技术无效率部分，技术效率 $= \frac{OT}{OR}$；$\frac{TR}{OR}$ 代表为了实现技术效率等于1，要素投入可以缩减的比例；CR 段代表经济无效率部分，经济效率 $= \frac{OC}{OR}$，经济效率中不能由技术效率解释的就是配置效率，因此，CT 段表示的就是配置无效率部分，配置效率 $= \frac{OC}{OT}$。根据经济效率、技术效率和配置效率的表达式可以看出，经济效率等于技术效率乘以配置效率。

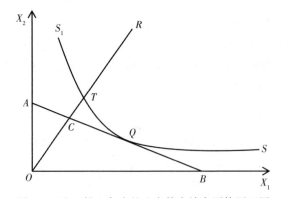

图 2-2　基于投入角度的生产技术效率测算原理图

（2）基于产出角度

从产出角度进行生产技术效率分析，其原理图如图 2-3 所示。在图 2-3 中，假设生产过程中用生产要素生产两种产出，分别为 Y_1 和 Y_2，EE_1 为生产可能性边界，该曲线上所有生产点的生产要素投入相等，DD_1 为一定市场价格水平下的等收益线，EE_1 与 DD_1 相切于点 B。A、B、C、F 分别代表四个实际生产点，A 点和 B 点均在生产可能性边界 EE_1 上，均为技术有效率点，且生产要素投入水平相同，但 A 点收益小于 B 点；C 点和 B 点均在等收益线 DD_1 上，但 C 点生产要素投入成本大于 B 点，故而只有 B 点实现既定技术水平下的最优状态，达到经济效率。F 点为生产非有效率点，FA 段代表技术无效率部分，技术效率 $= \frac{OF}{OA}$；$\frac{FA}{OA}$ 代表为了实现技术效率等于1，产出可以扩大的比例；FC 段代表经济无效率部分，经济效率 $=\dfrac{OF}{OC}$，经济效率中不能由技术效率解释的就是配置效率，因此，AC 段表示的就是配置无效率部分，配置效率 $=\dfrac{OA}{OC}$。根据经济效率、技术效率和配置效率的表达式可以看出，经济效率等于技术效率乘以配置效率。

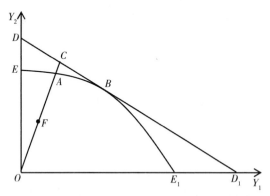

图 2-3　基于产出角度的生产技术效率测算原理图

（3）技术效率的进一步分解

Farrell（1957）将技术效率进一步分解为纯技术效率和规模效率。为了清晰展示技术效率、纯技术效率和规模效率之间的关系，绘制原理图如图 2-4 所示。

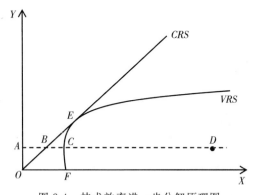

图 2-4　技术效率进一步分解原理图

在图 2-4 中，X 轴表示可变要素投入，Y 轴表示产出，CRS 曲线为规模报酬可变的前沿生产函数，VRS 曲线为规模报酬不变的前沿生产函数，两条曲线相切于点 E。D 点为生产非有效率点，如果不考虑规模因素，即假设规模报酬不变，那么

BD 段表示技术无效率部分，技术效率 $=\dfrac{AB}{AD}$；如果考虑规模因素，实际中规模报酬是变动的，此时的技术效率为纯技术效率，那么 CD 段表示纯技术无效率部分，纯技术效率 $=\dfrac{AC}{AD}$；技术效率中不能由纯技术效率解释的就是规模效率，因此，BC 段表示的就是规模无效率部分，规模效率 $=\dfrac{AB}{AC}$。根据技术效率、纯技术效率和规模效率的表达式可以看出，技术效率等于纯技术效率乘以规模效率。

2. 全要素生产率测度

全要素生产率核算的目的是揭示经济增长过程中，除要素投入增长以外的因素对于经济增长的推动作用。TFP 的测度成为学术界研究的热点，出现了多种测算方法。根据对生产函数设定的不同，TFP 的测度方法主要分为两类：一类以平均生产函数为基础，另一类以前沿生产函数为基础。

（1）以平均生产函数为基础

将生产函数设定成柯布道格拉斯（C-D）函数形式，有

$$Y_t = A_t K_t^{\alpha} N_t^{1-\alpha} \tag{2.1}$$

其中，Y_t 表示 t 时期产出，A_t 表示 t 时期的技术水平，即 TFP，K_t^{α} 表示 t 时期的资本投入；$N_t^{1-\alpha}$ 表示 t 时期的劳动投入。对生产函数取对数，有

$$\ln Y_t = \ln A_t + \alpha \ln K_t + (1-\alpha)\ln N_t \tag{2.2}$$

然后，微分方程可以得到

$$\frac{d(\text{TFP})}{\text{TFP}} = \frac{dA_t}{A_t} = \frac{dY_t}{Y_t} - \alpha \frac{dK_t}{K_t} - (1-\alpha)\frac{dN_t}{N_t} \tag{2.3}$$

由式（2.3）可知，全要素生产率的增长率等于产出的增长率减去各项投入要素的增长率。在实际测算时，先对式（2.2）中进行回归估计，得出 α 的值，从而获得全要素生产率的估计值，该方法又被称为索洛残差法。但由于索洛残差法对全要素生产率进行核算时，往往会把随机扰动项等因素的干扰带入到全要素生产率的计算当中。因此，部分学者认为使用该方法测度全要素生产率可能会造成较大的偏差。

（2）以前沿生产函数为基础

为了规避索洛残差法的缺点，学界对于全要生产率的测度转向使用前沿生产函数等方法进行替代。以前沿生产函数为基础测度 TFP，原理图如图 2-5 所示。

在图 2-5 中，假设生产过程中用一种生产要素 X 生产一种产出 Y，OF_1 和 OF_2 分别表示第一期和第二期的前沿生产函数，不同时期技术水平不同。A 点和 B 点分别表示第一期投入为 X_1 时，实际产出和所能达到的最大产出分别为 Y_1 和 Y_2，D 点表示第一期投入为 X_2 时，所能达到的最大产出为 Y_3，E 点和 F 点分别表示第二期投入为 X_2 时，实际产出和所能达到的最大产出分别为 Y_4 和 Y_5。因此，从第一期到第二期实际总产出的变化为 $Y_4 - Y_1$，其中由于投入增加（增加量为 $X_2 - X_1$）导致的产出增加为 $Y_3 - Y_2$，根据全要素生产率的定义可知，$\text{TFP} = (Y_4 - Y_1) - (Y_3 - Y_2)$。其中，技术进步导致前沿生产函数从 F_1 扩展到 F_2，因此，技术进步带来的产出变化为 $Y_5 - Y_3$。根据对技术效率测度原理分析可知，第一期技术效率的损失为 $Y_2 - Y_1$，第二期技术效率的损失为 $Y_5 - Y_4$，因此，两个时期由于技术效率变化引起的产出变化为 $(Y_2 - Y_1) - (Y_5 - Y_4)$。综合上述分析可知，全要素生产率的变动可以分解为技术进步和技术效率的变动。

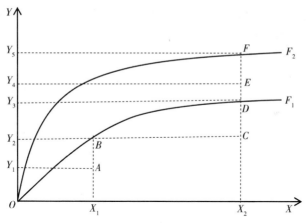

图 2-5　全要素生产率测度原理图

生产理论是本研究测度农业碳排放效率的理论依据。根据生产理论，本研究采用超效率 SBM-ML 模型测度长江经济带农业碳排放效率，并将农业碳排放效率指数分解为技术进步指数和技术效率指数，进而探究农业产出增长的来源。

2.3　分析框架

本研究基于新空间经济学理论、可持续发展理论、外部性理论、低碳农业经济理论、环境经济学理论、经济增长理论及生产理论，将农业投入、农业产出、农业碳排放量纳入如下理论框架和实证框架中进行分析,将考虑到非期望产出的农业碳排放效率评价、农业碳排放效率的收敛特征、农业碳排放效率的空间相关性及农业碳排放效率的影响因素分析有机地联系起来,构成一个逻辑自洽的分析框架。

2.3.1 理论分析框架

由于不同地区农业碳排放量水平不同,对农业产出的影响程度也不一样。因此,是否考虑农业碳排放量对不同地区农业生产效率测算结果的影响肯定不同。鉴于此,本研究在进行实证研究之前,理论分析农业碳排放量约束对农业碳排放效率测算结果的影响,理论分析框架如下:

(1)农业碳排放量约束通过制约农业产出的增长影响农业碳排放效率测算

农业碳排放量超过环境承载力将会对农业产出的增长造成严重制约,从而影响农业生产效率测算的结果。这种影响来自三个方面:其一,农业生产过程中,化肥的过量施用,会影响土壤、水源等基本生产要素的供给数量和质量,降低投入要素对农业产出增长的贡献力度,从而对农业产出增加造成制约,同时化肥使用过程将会产生一氧化二氮、甲烷等温室气体的排放,化肥在生产、运输过程中也将会产生温室气体(非期望产出);其二,农业碳排放量减排也需要成本,从而将本来可以用于农业生产的资源挪用到农业碳减排中,影响农业产出的增长;其三,农业碳排放量约束限制产生农业面源污染等的生产要素投入,从而影响农业产出增长的规模和速度。

如图 2-6 所示,X_1 表示不产生温室气体等的要素投入,X_2 表示产生温室气体等的要素投入及产生的污染数量,AA、BB、CC 为等成本线,Q_1、Q_2、Q_3 为等产量线,PP_1 为一定时期内农业碳排放量约束,是环境可承载的最大限度。在没有农业碳排放量约束的条件下,E、F、G 为最优生产点,最大产量为 Q_3,而考虑农业碳排放量约束以后,最优生产点为 F 点,对应的产量为 Q_2,显然 Q_2 小于 Q_3。另外,在农业碳排放量约束下,想要生产出 Q_3,则对应的生产成本为 DD 曲线所对应的成本数量,大于没有农业碳排放量约束下的生产成本。综上可知,农业碳排放量约束下的农业产值小于无环境约束下的农业产值,或农业碳排放量约束下的农业生产成本大于无农业碳排放量约束下的农业生产成本,但两种情况都会导致农业生产出现效率损失。

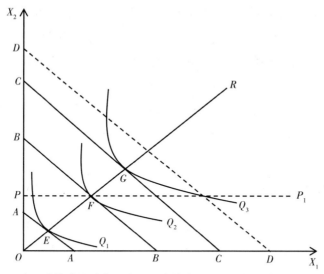

图 2-6　农业碳排放量约束对农业生产效率的影响：制约农业产出的增长

（2）农业碳排放量约束通过改变社会生产方向影响农业生产效率测算

传统的农业生产效率测算模型要求投入尽可能小，产出尽可能大，这意味着农业碳排放量与农业产出同比例扩大，这种传统的以牺牲环境为代价的发展方式不利于可持续发展。图 2-7 中，A 点表示用既定投入可以生产两种产出 y 和 b，其中，y 表示农业产值，b 表示农业碳排放量。传统的农业生产效率测算模型要求生产单元从 A 点沿着射线 OC 方向同比例增长到生产前沿面的 C 点。但考虑农业碳排放量约束后，要求生产单元从 A 点沿着既定方向 f 同比例增长到生产前沿面的 B 点，这一过程中，农业产值增加了 $\overline{D} \cdot f_y$，农业碳排放量减少了 $\overline{D} \cdot f_b$。通过比较可知，农业碳排放量约束对农业生产效率测算会产生影响。

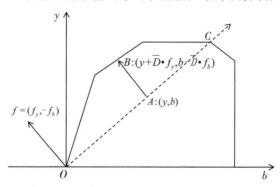

图 2-7　农业碳排放量约束对农业生产效率的影响：改变社会生产方向

综上所述，是否考虑农业碳排放量约束对长江经济带农业生产效率测算会产生影响。长江经济带农业生产过程中产生了大量农业碳排放（温室气体），环境遭受严重破坏，农业碳排放量对农业产值的增长将会造成显著制约。因此，本研究将会对是否考虑农业碳排放量约束的长江经济带各地级（直辖）市间农业生产效率分别进行测算，并进行对比分析，反映出是否考虑农业碳排放量约束对农业生产效率测算结果的影响，凸显出将农业碳排放量纳入农业生产效率核算指标体系的重要性。

2.3.2 实证分析框架

为了全面、深入地研究双碳目标下长江经济带农业碳排放效率，本研究在理论分析了碳排放量对农业生产效率测算结果的影响之后，需要将碳排放量纳入农业生产效率核算指标体系，实证研究长江经济带农业碳排放效率。实证研究内容主要包括长江经济带碳排放效率的变化的直接因素：技术效率指数和技术进步指数的核算及对比分析、农业碳排放效率的收敛性分析以及农业碳排放效率的影响因素分析等三部分。实证分析框架图如图 2-8 所示。

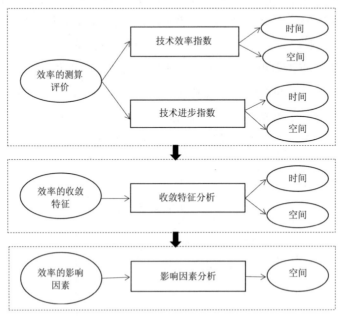

图 2-8 实证分析框架

根据图 2-8，本研究实证分析框架的三个部分，其主要内容如下：

第一部分是本研究中第 4 章的内容。在考虑环境因素的前提下，首先对农业生产环节产生的碳排放量进行科学测算，将其作为农业生产的非期望产出纳入投入-产出指标体系中。其次，采用 SBM-ML 模型测度 2011—2020 年长江经济带农业碳排放效率，并从时间维度和空间维度对农业碳排放效率的测算结果进行对比分析。

在测算农业碳排放效率的基础上，第二部分即本研究第 5 章进一步考察长江经济带农业碳排放效率的收敛性。首先，对农业碳排放效率做绝对收敛检验，即检验各地级（直辖）市农业碳排放效率差异是否会自动消失。其次，对农业碳排放效率做条件收敛检验，即检验各地级（直辖）市农业碳排放效率的收敛性是否与初始条件有关。再次，对农业碳排放效率做俱乐部收敛检验，即检验农业生产初始条件接近的各地级（直辖）市农业碳排放效率差异是否会逐渐消失。然后，采用面板单位根方法对长江经济带农业碳排放效率做随机收敛检验，以检验各地级（直辖）市农业碳排放效率的差异是否会长期存在。最后，采用增长分布动态分析法进一步对长江经济带农业碳排放效率的动态演进特征进行分析。

只有摸清农业碳排放效率的影响因素，才能合理有效地提高农业碳排放效率，从而促进农业生产和生态环境等协调发展，实现农业高质量发展。因此，第三部分即第 6 章对长江经济带农业碳排放效率的影响因素进行分析。首先，分析长江经济带农业碳排放效率空间相关性的经济学机制。其次，利用空间探索性方法，主要采用全局 Moran's I 和局部 LISA 集聚图，验证长江经济带农业碳排放效率的空间相关性。最后，在证实长江经济带农业碳排放效率存在空间相关性的基础上，采用空间计量模型对其农业碳排放效率影响因素进行回归分析，为提高长江经济带农业碳排放效率提出有针对性建议，这对促进农业生产与环境保护协调发展具有重要意义。

第3章　长江经济带农业生产时空变化分析

长江经济带包含 11 个省（市），且区域跨度大，使得在经济发展上存在较大的区域差距，体现在农业上就表现为各省份第一产业增加值占比参差不齐，如2020 年第一产业所占比重最高的云南省和最低的上海市之间相差 14.4 个百分点。因此，摸清长江经济带农业生产时空演变情况，对探讨长江经济带不同地级（直辖）市农业碳排放效率并根据其结果提出对策建议具有针对性。

基于此，本章结构安排如下：首先，对长江经济带区域概况进行阐述；其次，分别对长江经济带农业生产进行时序变化和空间分异进行分析；最后，对本章研究内容进行小结。

3.1　长江经济带区域概况

3.1.1　区位特征

长江发源于青藏高原唐古拉山脉各拉丹冬峰的西南侧，位于东经 90°33′—122°25′，北纬 24°30′—35°45′，干流自西向东横跨中国中部，全长 6 300 余公里，宜昌以上为上游，长 4 504 公里；宜昌至湖口段为中游，长 955 公里；湖口以下为下游，长 938 公里，是世界第三长河、亚洲第一长河。

长江流域是长江干流和支流流经的广大区域，横跨东部经济带、中部经济带和西部经济带，流经青海省、西藏自治区、四川省、云南省、重庆市、湖北省、湖南省、江西省、安徽省、江苏省、上海市共 11 个省级行政区，数百条干流延伸至贵州省、甘肃省、陕西省、河南省、广东省、广西壮族自治区、浙江省、福建省的部分地区，是世界第三大流域。

长江经济带覆盖中国 11 个省（市），面积达到 205.23 万平方公里，占全国的 21.4%，人口和生产总值均超过全国的 40%，按照上、中、下游划分，上游包括重庆、四川、贵州、云南四省（市），面积约 113.74 万平方公里，占长江经济带的 55.4%；中游包括江西、湖北、湖南三省，面积约 56.46 万平方公里，占长江经济带的 27.5%；下游包括上海、江苏、浙江、安徽四省（市），面积约 35.03 万平方公里，占长江经济带的 17.1%。长江横贯中国东西，将中国划分为南北两半，兼具南北之长，长江经济带位于中国居中，不仅把东、中、西三大经济带连接起来，也与京沪、京九、京广、皖赣、焦柳等南北铁路交会，承东启西，接南济北，通江达海，形成中国最重要的交通走廊和工业走廊式经济带，也是中国发展全局中经济发达水平最高、综合竞争力最强的重要支撑带。同时，长江经济带基础条件好，发展潜力大，在推动长江经济带发展的过程中，不仅可以改善以往对生态环境的破坏，建设良好的生态环境，还可以作为绿色发展的示范区，从而带动整个中国走向绿色发展的可持续道路。

按照《长江经济带发展规划纲要》，确立了长江经济带的新发展格局为"一轴，两翼，三极，多点"，"一轴"是以长江黄金水道为依托，发挥上海、武汉、重庆的核心作用，以沿江主要城镇为节点，构建沿江绿色发展轴；"两翼"分别是沪瑞和沪蓉南北两大运输通道，是长江经济带的发展基础；"三极"为长江三角洲城市群、长江中游城市群和成渝城市群；"多点"是要发挥三大城市群以外地级城市的支撑作用。《纲要》也提出了保护和修复长江生态环境、建设综合立体交通走廊、创新驱动产业转型、新型城镇化、构建东西双向、海陆统筹的对外开放新格局等多项任务，目的是充分发挥上海、武汉、重庆等超大城市和南京、成都等特大城市的引领作用以及合肥、南昌、长沙、贵阳、昆明等大城市的核心带动作用，促进中小城市的快速发展，培养一批基础条件好、发展潜力大的小城镇，推动各类城市协调发展；同时，构建长江经济带东西双向、海陆统筹的对外开放新格局，以上中下游各地区自身条件和优势为基础，因地制宜促进经济发展。

推动长江经济带发展，有利于走出一条生态优先、绿色发展之路，让中华民族母亲河永葆生机活力，真正使黄金水道产生黄金效益；有利于挖掘中上游广阔腹地蕴含的巨大内需潜力，促进经济增长空间从沿海向沿江内陆拓展，形成上中下游优势互补、协作互动格局，缩小东中西部发展差距；有利于打破行政分割和市场壁垒，推动经济要素有序自由流动、资源高效配置、市场统一融合，促进区域经济协同发展；有利于优化沿江产业结构和城镇化布局，建设陆海双向对外开放新走廊，培育国际经济合作竞争新优势，促进经济提质增效升级，对于实现"两个一百年"奋斗目标和中华民族伟大复兴的中国梦，具有重大现实意义和深远历史意义。站在新的历史起点，长江经济将登上新阶梯，谱写人与自然和谐共生的新篇章。

3.1.2　自然条件

长江经济带横跨中国东、中、西部，覆盖东部沿海地区和广大内陆地区，由于其幅员辽阔，地形复杂，使得长江经济带具有丰富的气候资源，各省（市）属于亚热带气候，年平均气温呈东高西低、南高北低的分布趋势，中下游地区高于上游地区，主要城市的年平均气温在 15.2～19.4 ℃，具备充足热量的同时，在降雨量上也拥有充沛的水资源，年降水量和暴雨的时空分布不均匀，雨带从三、四月起，自东南向西北移动，中下游的雨季早于上游，江南早于江北，主要城市的年平均降雨量在 951.9～1 698.8 mm，富足的热量和水资源给农作物和果树林木提供了良好的生长环境。在地理位置上，长江经济带不仅有土壤肥沃、气候温和的平原，也有地形崎岖、气候高寒的山区，长江中下游平原地区早在唐宋时期就是我国的经济中心，有"苏湖熟，天下足""湖广熟，天下足"的说法。同样，四川盆地也有"天府之国"之誉，在今天，长江中下游平原和四川盆地仍是我国农业发达、人口密集的地区之一，并且长江中游城市群和成渝城市群被列为我国五大国家级城市群，在未来，对于促进我国经济发展的作用将日益增强，长江经济带也成为我国自然地理基础最好、农业发达、拥有"天府之国"和"水泽之乡"美称的经济带。

农业生产的根本特性在于其属于自然在生产和经济社会再生产有机结合的过程，粮食的生产过程在很大程度上受自然条件的影响。图 3-1 显示了从 2000—2020 年长江经济带粮食播种面积的变化趋势，从变化趋势来看，长江经济带的播种面积先呈"V"形变化趋势，2007 年以后，长江经济带粮食播种面积开始缓慢上升，最后维持在 42 000 千公顷上下，大致经历了三个阶段，如表 3-1 所示：

第一阶段为 2000—2003 年，由于全国"压粮扩经"政策和粮食效应底下等原因，长江经济带粮食播种面积不断减少，从 43 573.2 千公顷减少至 39 477.5 千公顷，累计减少了 4 095.7 千公顷，降幅达 9.4%；第二阶段为 2004—2006 年，长江经济带粮食播种面积开始增加，主要由于政府不仅对粮食流通体制进行了改革，加大对国有粮食企业、大型粮食加工企业和其他多元化龙头企业的扶持力度，还完善了粮食直接补贴和最低收购价政策，进一步保障了农民的权益、提高了种粮的积极性，长江经济带粮食播种面积也出现上升趋势，2006 年粮食播种面积达到 42 028.8 千公顷，增加了 2 551.3 千公顷，增幅达 6.5%；第三阶段为 2007—2020 年，由于 2007 年生态退耕、灾毁耕地以及农业结构调整等原因，导致 2007 年粮食播种面积减少了 1 446.1 千公顷，随后经过政策调整，从 2008 年开始，粮食播种面积缓慢增加，在 2018 年左右稳定在 42 000 千公顷。

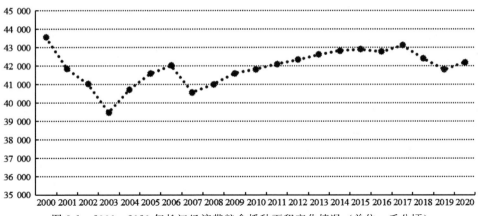

图 3-1　2000—2020 年长江经济带粮食播种面积变化情况（单位：千公顷）

表 3-1 长江经济带 11 个省(市)粮食播种面积情况(单位:千公顷)

地区	上海	江苏	浙江	安徽	江西	湖北	湖南	重庆	四川	贵州	云南	总面积
2000	258.8	5 304.3	2 300.3	6 183.8	3 322.0	4 156.2	5 029.9	2 773.4	6 854.5	3 151.3	4 238.7	43 573.2
2001	211.2	4 886.7	1 939.1	5 841.7	3 265.2	4 015.7	4 802.8	2 714.6	6 706.7	3 121.1	4 339.0	41 843.8
2002	187.7	4 882.6	1 659.1	6 091.9	3 187.9	3 882.8	4 652.6	2 609.4	6 645.9	3 076.1	4 160.6	41 036.6
2003	148.3	4 659.5	1 427.8	6 157.2	3 051.1	3 557.8	4 529.8	2 469.0	6 387.3	3 021.3	4 068.4	39 477.5
2004	154.7	4 774.6	1 454.5	6 312.2	3 350.1	3 712.4	4 754.1	2 516.4	6 476.5	3 073.2	4 158.5	40 737.2
2005	166.1	4 909.5	1 510.8	6 410.9	3 441.5	3 926.8	4 838.6	2 501.3	6 564.8	3 073.7	4 253.9	41 597.9
2006	165.5	4 985.1	1 525.1	6 493.5	3 534.9	4 067.1	4 807.3	2 488.8	6 583.3	3 108.5	4 269.7	42 028.8
2007	169.6	5 215.6	1 219.6	6 477.8	3 525.3	3 981.4	4 531.3	2 195.8	6 450.0	2 821.8	3 994.5	40 582.7
2008	174.5	5 267.1	1 271.6	6 561.1	3 578.1	3 906.7	4 588.8	2 215.4	6 430.9	2 919.6	4 095.9	41 009.7
2009	193.3	5 272.0	1 290.1	6 605.6	3 604.6	4 012.5	4 799.1	2 229.5	6 419.4	2 984.7	4 200.1	41 610.9
2010	179.2	5 282.4	1 275.8	6 616.4	3 639.1	4 068.4	4 809.1	2 243.9	6 402.0	3 039.5	4 274.4	41 830.2
2011	186.3	5 319.2	1 254.1	6 621.5	3 650.1	4 122.1	4 879.6	2 259.4	6 440.5	3 055.6	4 326.9	42 115.3
2012	187.6	5 336.6	1 251.6	6 622.0	3 675.9	4 180.1	4 909.0	2 259.6	6 468.2	3 054.3	4 399.6	42 344.5
2013	168.5	5 360.8	1 253.7	6 625.3	3 690.9	4 258.6	4 936.6	2 253.9	6 469.9	3 118.4	4 499.4	42 635.8
2014	164.9	5 376.1	1 266.8	6 628.9	3 697.3	4 370.4	4 975.1	2 242.5	6 467.4	3 138.4	4 508.2	42 836.0
2015	161.9	5 424.6	1 277.8	6 632.9	3 705.6	4 466.0	4 944.7	2 234.0	6 453.9	3 114.9	4 487.3	42 903.6
2016	140.1	5 432.7	1 255.4	6 644.5	3 686.2	4 436.9	4 890.6	2 250.1	6 453.9	3 113.3	4 481.2	42 784.9
2017	133.1	5 527.3	977.2	7 321.8	3 786.3	4 853.6	4 978.9	2 030.7	6 292.0	3 052.8	4 169.2	43 122.3
2018	129.9	5 475.9	975.7	7 316.3	3 721.3	4 847.0	4 747.9	2 017.8	6 265.6	2 740.2	4 174.6	42 412.2
2019	117.4	5 381.5	977.4	7 287.0	3 665.1	4 608.6	4 616.4	1 999.3	6 279.3	2 709.4	4 165.8	41 807.2
2020	113.4	5 405.6	993.4	7 289.5	3 772.4	4 645.3	4 754.8	2 003.1	6 312.6	2 754.1	4 167.4	42 211.6

3.1.3 资源情况

作为我国综合实力最强、战略支撑作用最大、经济增长潜力最大的内河经济带。长江经济带的环境基础较好，具有丰富的资源环境。

1. 水资源状况

长江流域水资源总量9 616亿立方米，约占全国河流径流总量的36%，是黄河流域的20倍。长江经济带属于亚热带季风气候，降水量大且降水日多，平均年降水量为1 100 mm，大约高于全国300 mm。整体上来看，长江经济带东南部地区的降水量较多，年平均降水量大约1 600 mm，相对来说西北部地区的降水量较少，普遍在800～1 000 mm之间。长江经济区的降水量主要受地形的影响，迎风坡的降水量较大，河谷的降水量相对较少，降水量较少的月份是12月到次年2月，而6月到8月较多。

2. 生物资源状况

长江经济带总面积约205.23万平方公里，范围内的湖泊水系众多，分布有我国五大淡水湖，作为我国河流生态系统的关键要素，鄱阳湖、洞庭湖、太湖、巢湖、洱海、滇池等重要湖泊，生物资源丰富，在保障长江经济带生态、水资源和促进流域经济发展方面发挥着不可替代的作用。长江流域作为我国农业和畜牧业重要的生产基地，种类和产量都较为丰富，其中水稻产量占全国的70%，油菜籽产量占全国的99%，烟草产量占全国的93%，还包括水果、蔬菜等各种经济作物。与此同时，长江经济带的林木蓄积量占全国的1/4，主要的林区集中在川西、滇北、鄂西、湘西和江西等地，用材林仅次于东北林业，经济林居全国首位，以油桐、油菜、漆树、柑橘、竹林等最为著称。长江流域国家重点保护的野生动植物群落、物种和数量在中国七大流域中多占首位。长江流域内建立了100多处自然保护区，最著名的位于湖北神农架；还有古老珍稀的孑遗植物如水杉、银杉、珙桐；硕果仅存的珍禽异兽如大熊猫、金丝猴、白鳍豚、扬子鳄、朱鹮等驰名中外，多属长江流域特有。除了有丰富的陆生动物，长江流域还有1 100多种水生生物，其中鱼类370多种（包括河海洄游性鱼类10种）、底栖动物220多种和上百种水生植物，长江也是世界水生生物多样性最为典型的河流之一，是我国淡水渔业的摇篮、天然种质资源宝库，还是著名的四大家鱼、鲥鱼、中华绒螯蟹、鳗鲡等重要原种种源基地，有中华鲟、达氏鲟、白鲟、江豚等国家级保护动物。因此，长江流域之于我国有重要的生态地位、较强的综合实力和巨大的发展潜力，在我国发展格局中战略地位非常突出，目前长江经济带建设已上升为国家战略。

3. 矿产资源状况

长江经济带总面积大、覆盖范围广、矿产资源种类多、储存量大且成矿条件较好，自 1949 年以来，长江经济带的矿产资源开发对国家和区域社会经济社会发展提供了重要的原材料。长江经济带的资源基地分布从上中下游来看，上游地区的云南、贵州、四川、重庆四个省（市）的煤炭、铁、锰、铝土矿、稀土、磷矿等矿产资源丰富，其中云南有中国"有色金属王国"之称；中游地区江西和湖南的铜矿、铅锌矿等有色金属矿产和稀土等矿产资源丰富，其中赣南被誉为"世界钨都"，湖北的磷矿资源丰富，其对保障中国农业与粮食安全有重要意义；下游地区的矿产资源主要集中在安徽，安徽铜陵是中国著名的"铜都"。长江经济带的矿产资源不仅包含常见的煤炭、石油、天然气等能源矿产资源，还包括钨、锡、铀、稀土等国家战略性矿产资源，其中煤炭主要分布在安徽、贵州、四川等地；稀土主要分布在江西和四川，是长江经济带稀土资源储量最丰富的地区之一，也是我国的主要稀土产区，并且矿种和稀土元素齐全、稀土品位高、矿点分布合理，为我国稀土工业的发展奠定了坚实的基础，其中江西赣州被称为中国的"稀土王国"。除此之外，还有非战略性矿产资源，其开采量最大的是建材类非金属矿产，主要包括水泥、玻璃、陶瓷、砖、瓦、砂、石、建筑面饰石材等。

4. 旅游资源状况

长江经济带是我国新型城镇发展的主体和旅游经济最为活跃的重要区域之一，也是中国生态文明建设的先行示范带，长江经济带内历史文化、自然山水、民俗风情等旅游资源丰富。长江经济带拥有高原、山脉、河流、湖泊、盆地，拥有多样性旅游资源，一是地貌类型多样，名山荟萃，国家级重点风景名山近一半位于长江经济区，主要包括峨眉山、青城山、衡山、武当山、普陀山、黄山、九华山等；二是山水多姿多彩，海滨风光、江河风光、峡谷急流风光、湖泊风光等穿插组合，相得益彰；三是遍布三国古迹和近代革命圣地，人文旅游资源厚重；四是故园林众多，文化气息浓厚。

3.1.4　产业发展状况

1. 农业

长江经济带横贯我国东、中、西三大自然和经济区域，覆盖温带、亚热带、热带、高原等多个温度带，涵盖的 11 个省（市）包含了我国多个农业强省和农业大省，是我国农业生产及农业经济发展的重要功能区。长江经济带的农业用地面积只占全国的 26% 左右，但耕地资源非常丰富，农作物面积占全国的一半，聚集的农业从业者占全国的一半以上，主要集中在上游的川滇黔、中游的洞庭湖和鄱阳湖、下游的安徽等地区。从农业规模来看，长江经济带是我国茶叶、水产品、蚕桑、水果、中药材等特色农产品的主要生产区，也是我国粮、棉、油等大宗农产品的主产区，长江经济带粮食产量占到全国的 35% 以上，是我国谷物和油菜籽的重要产地；从农业结构来看，长江经济带的农业结构与全国相近，农业仍以种植业和牧业为主，种植业占据半壁江山，除此以外，比重较高的还有林业和渔业；从上中下游分地区情况来看，四川、云南的上游地区农业用地资源丰富，湖北、湖南、安徽、江苏等中下游地区的播种面积较大、耕地资源较为丰富；从长江经济带的农业机械化发展程度来看，机械总动力较高的是安徽和湖南，已超过 6 400 万千瓦，江苏、湖北、四川也相对较高，都超过了 4 000 万千瓦。长江经济带的汉鄂黄（武汉、鄂州、黄州、黄山）优质水产养殖基地，以洞庭湖、鄱阳湖、太湖为主体的中下游湖区渔业基地、三角洲海洋渔业基地均具有巨大的开发潜力，不仅可以增加水产品的产量，而且可以减少因挖鱼塘热对耕地所造成的破坏。

2. 工业

从产业发展和布局上看，长江经济带已经形成了几大产业集群，分别有重化工产业群、机电工业产业群和高新技术产业群。其中，长江经济带大多省规上企业的化工原料和化学制品制造业的产值都排前五，钢铁、石化、能源、建材都有着相当大的规模，上海、湖北、重庆等地的汽车制造业已成为促进长江经济带工业发展的主动力。

从长江上中下游分地区来看，首先，位于滇、黔、渝交界地带的上游地区，矿产资源丰富，产业资源雄厚，其中，重庆主要以汽车和电子信息产业作为支柱产业，分布在沿江两岸和各大城市中，重化工企业分布在宜宾、泸州等地区，还有大型机械和重型装备产业分布在德阳、自贡等地区，以及新能源、新材料、生物医药、现代农业等新兴产业主要分布在各大产业区和经济开发区；云贵等地区由于地理位置的因素，产业布局的发展受到一定的限制，主要以资源加工为主，其特色优势产业有贵州的白酒、云南的烟草。其次是位于我国内陆腹地的长江中游地区，中游地区没有与上、下游的经济发展处于联动发展状态，并且由于中游的湖北、湖南、江西三省的国家区域政策原因，只能各自为政，提出独立的产业布局战略，中游地区主要以传统的化工、钢铁、机械等制造业为主，且产业结构极其相似，其中，湖北的产业主要以钢铁、汽车、食品、电力、石化、纺织和电子信息为主；湖南的产业主要以工程机械、设备制造、有色金属、石油化工、烟草和文化传媒为主；江西的产业主要以稀土、钢铁、有色金属和材料硅为主。最后是以长三角为代表的长江下游，主要以电子信息、通信设备、金融、服务等高科技和知识密集型产业为主，其中，上海智能化、融合化、服务化成为工业化转型升级的重要方向，5G、人工智能、物联网、云计算、大数据、区块链等新一代信息技术产业快速发展，持续赋能实体经济、传统业态加速向智能化、数据化、信息化转型，同时，浦东新区集成电路和生物医药、徐汇区人工智能、杨浦区信息技术服务获批国家战略性新兴产业集群；江苏定位为国际先进制造业和现代服务业集聚区，沿江地区重点发展基础产业，形成化工、冶金、装备制造、物流运输四大产业集群；浙江积极推广纺织、轻工、电子信息、交通设备等制造业抱团、集群式地向长江中上游地区转移。

3. 第三产业

在生态旅游业方面，长江沿线各省市旅游业取得了长足发展，成为我国旅游业最发达的地区。其中，四川实施沿江重大生态修复项目，推动"旅游＋文化"的融合发展，打造大九寨、大峨眉、大贡嘎、大蜀道、茶马古道等旅游品牌，和富有特色的文化旅游景区、创意园区、文旅综合体；湖北推进三峡国际游轮中心、武汉江汉朝宗文化旅游区、荆州纪南城生态文化旅游区、黄冈黄梅禅文化旅游区、鄂州恒大童世界等；安徽依托皖江文化、优美自然风光，结合城镇、乡村和优势旅游因素，持续打造欢乐皖江、诗仙李白寻踪游、渡江战役遗址公园之旅等精品旅游线路，培育了一批生态文化旅游景区以及森林旅游人家等休闲旅游新业态，建成了一批特色小镇；重庆市挖掘丰富的巴渝文化、三峡文化、移民文化、抗战文化，植入文化元素，丰富景区景点文化内涵。

在文化产业方面，长江经济带的文化产业包含了很多文化产业群和文化产业带。其中，长三角文化产业群利用长三角经济发展优势，加快构建现代文化产业体系和文化市场体系，推动文化科技的研发与运用，促进长三角文化产业一体化、高质量发展；成渝地区双城文化产业群建设巴蜀文化旅游走廊，推动川剧、川菜、蜀锦、蜀绣、石刻等两省同根同源非物质文化遗产项目的保护、传承和利用；长江文化产业带发掘长江沿线不同地区的文化特色和资源，发挥长江经济带的纽带作用，和上海、南京、武汉、长沙、重庆、成都等节点城市的文化创新作用。

在商贸物流业方面，以长江经济带为主骨架，构建我国重要物资的快速贮存、转运和调拨的战略性应急物流通道。推进三峡第二船闸和葛洲坝航运扩能工程，加速推进长江沿线高速专用货运铁路建设，促进长江上中下游物资流动和交换能力，加大长江中游城市群、成渝地区国际航空机场群建设，推进中西部高铁干线通道建设，打造长江经济带水陆空一体化的综合交通体系，加强长江沿线各省（市）的港口、铁路部门的联合监管与合作。

在金融服务业方面，总体来看，长江经济带金融发展水平不同，下游地区高于中游和上游地区，下游交通和教育发达，尤其是上海作为国际金融中心的辐射性作用，有较成熟的金融机制，长江经济带的银行业、证券业和保险业都在逐步发展，尤其是保险业，农业保险、汽车保险、养老保险等多样的保险类型深入居民生活中，并且长江经济带促进保险机构更加注重扶贫、健康、医疗等金融服务。

3.1.5 发展面临的重大挑战与机遇

如今，长江经济带已成为具有全球影响力的内河经济带、东中西互动合作的协调发展带、沿海沿江沿边全面推进的对外开放带和生态文明建设的先行示范带。经过工业化、城市化、市场化的快速发展，长江经济带为我国的经济发展做出了重大的贡献。与此同时，长江经济带也面临着诸多困难和问题。主要有以下方面：第一，经济发展和生态建设的矛盾，中下游地区的水体污染严重，治理难度大，高污染的矿产、钢铁、水泥、化工企业密集分布在长江边，污水直排、偷排问题突出，水质不断恶化，水资源的保护形式极其严峻；第二，同质竞争和松散合作的矛盾，沿江各地区存在追求 GDP 的倾向，各省出台的有关长江经济带发展的政策仅关注长江经济带战略给本地区带来的机遇，而缺少各省之间的协同；第三，统筹协调和各自为政的矛盾，长江经济带的发展是关于各行业各产业的整体布局，而各部门各地方在规划中落实中，容易出现选择性执行的倾向，在长江环境的保护上，各省市各有其责，但职责缺乏整合性，各管各段、各行其是，从而会相互矛盾，影响执行效率；第四，产业趋同的问题，沿江各省市产业同构化现象严重，经济互补性不强，上中下游产业链未能实现良好的分工和对接，严重阻碍了长江经济带一体化的进程；第五，城市化扩围和资源耗散的矛盾，近年来城市化发展快，地域城市群兴起，劳动力向城市中心聚集，造成城市资源过度集中，发展负荷过重，而其他中小城市和农村地区资源耗散，造成发展严重不平衡的问题，不利于现代化经济体系的形成和产业梯度转移。任务十分艰巨，上述矛盾都需要长江经济带在改革中加以解决。

11个省（市）经过积极贯彻落实中央部署，推进长江经济带一体化初见成效，逐渐走向互利共赢的形势。第一，修复生态环境，长江经济带11个省（市）严格落实习近平总书记"共抓大保护，不搞大开发"的要求，坚持推动绿色发展变革，环境质量持续改善，一般工业固体废物综合利用率取得大幅度提升；第二，水利、生态、公共设施等领域投资不断加强，着重解决下游"卡脖子"、中游"梗阻"、上游"瓶颈"的问题，并且交通运输结构布局持续改善，运输能力大幅增强，通信网络蓬勃发展；第三，经济实力和开放水平的提升，综合实力稳步提升，财政收入持续增长，地方实力不断增强，全方位对外开放格局逐步扩大。所有的政策举措，为长江经济带的转变提供了新方向、新局势。

3.2　长江经济带农业生产的时序变化分析

长江经济带作为中国最重要的农业生产区域之一，肩负着我国农业发展的重大责任。长江经济带的人口和经济总量均超过了全国的40%，其总面积达205.23万平方公里，占全国陆地面积的21.37%，可见长江经济带对于我国农业稳步发展的重要性，长江经济带不仅保障了人口增长和随之带来的粮食需求，其主要农产品的稳步增长和农业结构的持续调整也解决了人民生活水平提高带来的饮食结构变化的问题。因此，研究长江经济带的农业发展情况，有助于进一步把握其农产品的生产变化趋势，为我国提供物质基础、保障粮食安全以及优化农产品布局有着重要意义。农业总产值和播种面积是衡量农业发展情况的两个重要因素，研究长江经济带的农业生产的总产值和播种面积的空间变化，有助于进一步促进农业的稳定发展、提高农产品的生产。

长江经济带包括上海、南京等 135 个地级（直辖）市，本研究考虑到其中 25 个地级市（自治州）① 农业生产所占比例很低，对研究结果影响不大，故将其余 110 个地级（直辖）市作为研究对象，分别从时间维度和空间维度对长江经济带各地级（直辖）市的农业总产值和农作物播种面积进行深入研究。

3.2.1　农业总产值

表 3-2 是 2011—2020 年期间，长江经济带 110 个地级（直辖）市农业总产值最小值、最大值的市以及占全年农业总产值的百分比的统计描述情况。总的来说，农业总产值逐年递增，2011 年长江经济带农业总产值最少，为 28 282.29 亿元，其次是 2012 年，为 31 410.56 亿元；2020 年长江经济带农业总产值最多，为 51 376.65，其次是 2019 年，为 46 350.73 亿元。从农业总产值最小的市来看，铜陵市和攀枝花市以农业总产值最小出现 7 次和 3 次，在这十年中，农业总产值占总百分比最小的是 2015 年铜陵市，为 0.058%，其次是 2014 年铜陵市，为 0.06%；从农业生产总值最大的市来看，这十年中农业总产值最大的市均为重庆市，且 2020 年重庆市农业总产值占全年百分比最大，为 5.351%，其次是 2019 年，为 5.044%。

表 3-2　长江经济带农业总产值统计性描述（单位：%、亿元）

年份	农业总产值最小的市	占比	农业总产值最大的市	占比	长江经济带农业总产值
2011	铜陵市	0.064	重庆市	4.258	28 282.29
2012	铜陵市	0.061	重庆市	4.226	31 410.56
2013	铜陵市	0.061	重庆市	4.179	33 940.24
2014	铜陵市	0.060	重庆市	4.411	36 160.66
2015	铜陵市	0.058	重庆市	4.492	38 694.80

---

① 25 个地级市（自治州）包括南阳市、恩施土家族苗族自治州、仙桃市、潜江市、天门市、神农架林区、湘西土家族苗族自治州、柳州市、桂林市、阿坝藏族羌族自治州、甘孜藏族自治州、凉山彝族自治州、黔西南布依族苗族自治州、黔东南苗族侗族自治州、黔南布依族苗族自治州、楚雄彝族自治州、红河哈尼族彝族自治州、文山壮族苗族自治州、西双版纳傣族自治州、大理白族自治州、德宏傣族景颇族自治州、怒江傈僳族自治州、迪庆藏族自治州、汉中市、安康市。

续表

年份	农业总产值最小的市	占比	农业总产值最大的市	占比	长江经济带农业总产值
2016	攀枝花市	0.150	重庆市	4.555	40 653.49
2017	攀枝花市	0.159	重庆市	4.593	41 424.09
2018	攀枝花市	0.165	重庆市	4.824	42 545.35
2019	铜陵市	0.183	重庆市	5.044	46 350.73
2020	铜陵市	0.177	重庆市	5.351	51 376.65

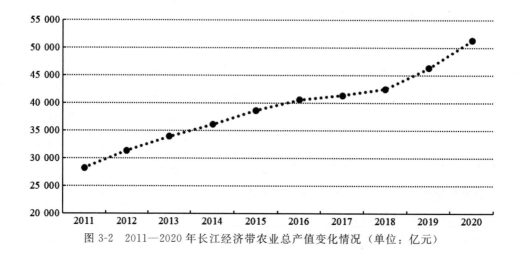

图 3-2　2011—2020 年长江经济带农业总产值变化情况（单位：亿元）

图 3-2 显示了 2011—2020 年长江经济带农业总产值的变化情况，在农林牧渔产业结构的不断优化和我国政策的有力保障下，长江经济带的农业总产值持续稳定增长，由 2011 年的 28 282.29 亿元增长到 2020 年的 51 376.65 亿元，累计增长了 23 094.36 亿元，涨幅为 81.66%，其中增长最快的一年为 2019 年，相比 2018 年增长了 3 805.38 亿元。

3.2.2　农作物播种面积

表 3-3 是 2011—2020 年期间，长江经济带 110 个地级（直辖）市各年农作物播种面积最小值、最大值的市以及占长江经济带总播种面积的百分比统计描述情况。总的来说，2019 年长江经济带农作物播种面积最小，为 58 576 千公顷，其次是 2018 年，为 58 671.62 千公顷；2015 年长江经济带农作物播种面积最大，为

61 659.00千公顷，其次是 2014 年，为 61 424.81 千公顷。从农作物播种面积最小的市来看，这十年间，舟山市的农作物播种面积均为最小，且 2014 年舟山市的播种面积占全年总播种面积的百分比最小，为 0.022%，其次是 2015、2018 以及 2020 年，占全年总百分比均为 0.026%；从农作物播种面积最大的市来看，这十年间，重庆市的播种面积均为最大，且 2014 年重庆市的播种面积占全年总播种面积的百分比最大，为 5.764%，其次是 2020 年，占全年总播种面积百分比为 5.729%。

表 3-3　长江经济带农作物播种面积统计性描述（单位：%、千公顷）

年份	农业总产值最小的市	占比	农业总产值最大的市	占比	长江经济带农业总产值
2011	舟山市	0.039	重庆市	5.405	59 679.19
2012	舟山市	0.038	重庆市	5.475	60 639.29
2013	舟山市	0.038	重庆市	5.436	61 049.64
2014	舟山市	0.022	重庆市	5.764	61 424.81
2015	舟山市	0.026	重庆市	5.37	61 659.00
2016	舟山市	0.030	重庆市	5.476	60 862.36
2017	舟山市	0.027	重庆市	5.614	59 492.21
2018	舟山市	0.026	重庆市	5.707	58 671.62
2019	舟山市	0.027	重庆市	5.712	58 576.00
2020	舟山市	0.026	重庆市	5.729	58 868.90

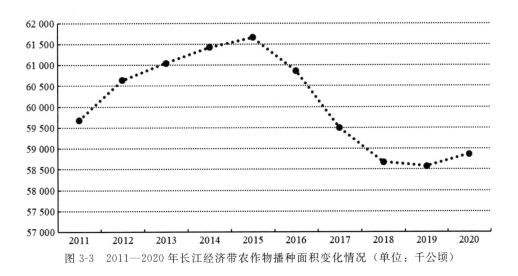

图 3-3　2011—2020 年长江经济带农作物播种面积变化情况（单位：千公顷）

图 3-3 显示了长江经济带农作物播种面积的变化情况，从变化趋势来看，2011—2020 年期间，长江经济带农作物播种面积经过了先增长、再下降、再增长的变化，呈"S"形变化趋势，大致经历了三个阶段：第一阶段为 2011—2015 年，长江经济带农作物播种面积稳步增长，由 2011 年 59 679.19 千公顷，上升到 2015 年 61 659.00 千公顷，增加了 1 979.81 千公顷。第二阶段为 2016—2019 年，长江经济带农作物播种面积出现下降趋势，一方面，由于 2016 年各地为了解决农业品种的供需矛盾，从而优化农业生产结构和区域布局，减少了非优势农作物种植面积；另一方面，由于农业气象灾害偏重，部分地区受灾严重，湖北、安徽等多地遭受强降水，农田反复受淹，作物倒伏严重，进而导致长江经济带农作物播种面积大幅减少，从 2015 年 61 659.00 千公顷下降至 2019 年 58 576.00 千公顷，播种面积总体减少了 3 083.00 千公顷，降幅达 5.000%。第三阶段为 2019—2020 年，经过这一年抗洪抗灾有效，农业气候对作物总体有利以及农作物生产结构经过进一步优化以后，长江经济带农作物播种面积开始增长，一年增加了 292.90 千公顷。

3.3　长江经济带农业生产的空间分异分析

3.3.1　农业总产值

为了更加具体地显示长江经济带 110 个地级（直辖）市农业总产值空间动态演变情况，笔者分别选取了 2010 年、2016 年以及 2020 年三个年份农业总产值的统计数据（表 3-4），将长江经济带 110 个地级（直辖）市进行分类，具体以农业总产值小于 200 亿元、200~400 亿元以及大于 400 亿元为分类标准将 110 个地级（直辖）市进行分类，分类结果如表 3-5 所示。

表 3-4　长江经济带 110 个地级（直辖）市农业总产值情况（单位：亿元）

地区	2011 年	2012 年	2013 年	2014 年	2015 年	2016 年	2017 年	2018 年	2019 年	2020 年
上海市	328.24	337.81	342.29	343.78	327.71	300.84	292.61	289.58	284.84	279.82
南京市	283.50	318.54	351.31	384.63	415.27	451.16	470.65	450.88	472.50	489.84
无锡市	202.02	211.29	229.33	241.30	285.17	270.20	254.70	243.20	201.52	209.85
徐州市	274.02	315.77	355.83	402.08	432.93	463.87	509.71	536.08	570.50	602.41
常州市	194.68	219.58	240.11	256.81	271.76	283.97	293.58	293.80	265.80	278.45
苏州市	309.86	337.72	369.82	392.49	415.17	424.67	424.69	381.53	356.60	357.02
南通市	502.27	548.86	594.78	631.88	664.20	691.55	727.03	744.81	789.33	845.02
连云港市	376.53	426.24	474.24	507.39	549.03	589.42	615.41	636.65	656.85	702.48
淮安市	411.74	456.18	499.83	535.56	573.71	602.72	629.57	662.58	656.19	700.30
盐城市	849.58	925.20	991.66	1 035.82	1 073.51	1 104.94	1 139.23	1 183.89	1 128.11	1 207.20
宿迁市	379.09	369.08	403.93	414.00	436.00	460.30	477.95	514.02	515.75	541.93
泰州市	294.28	322.11	344.59	361.94	81.76	415.96	457.23	484.36	481.48	506.37
镇江市	153.25	176.49	196.13	214.02	232.28	240.71	247.07	245.94	242.26	257.10
扬州市	385.73	421.84	448.09	482.26	815.34	467.00	491.00	499.69	555.06	607.00
杭州市	357.07	384.34	399.37	418.58	440.41	449.01	457.70	466.10	501.15	500.65
宁波市	392.86	413.49	421.05	423.66	437.15	463.31	464.51	473.81	507.05	534.08
温州市	176.49	185.11	187.87	192.23	207.48	210.65	219.88	223.73	239.61	254.06
嘉兴市	223.01	228.97	227.16	218.44	206.22	200.05	195.33	195.49	201.71	211.46
舟山市	198.52	208.48	212.98	211.40	213.44	214.48	213.86	216.42	226.63	238.94

续表

地区	2011年	2012年	2013年	2014年	2015年	2016年	2017年	2018年	2019年	2020年
衢州市	260.17	278.77	291.21	296.95	303.25	294.30	294.62	295.10	313.85	331.39
金华市	199.10	212.96	221.37	223.00	226.12	236.70	232.78	216.12	236.77	253.02
绍兴市	129.88	135.20	140.17	138.67	139.81	131.28	129.60	128.51	138.87	149.24
湖州市	149.94	163.67	187.76	199.48	219.27	252.34	240.33	261.33	267.52	273.71
台州市	328.90	349.15	372.96	379.34	404.77	431.40	453.20	476.96	503.28	525.03
丽水市	106.83	115.86	122.68	128.25	131.00	136.86	140.99	143.57	154.29	161.78
合肥市	364.87	401.18	432.19	452.71	469.93	480.10	485.90	474.80	494.50	524.30
芜湖市	193.19	211.29	229.33	241.30	252.15	270.20	254.70	243.20	267.10	296.60
蚌埠市	235.85	259.63	281.40	296.83	313.70	335.20	340.30	348.30	388.90	427.03
淮南市	84.34	91.43	99.69	104.51	190.34	203.26	208.99	208.15	224.66	247.33
马鞍山市	111.93	121.72	131.58	138.60	143.90	151.43	153.80	152.74	163.30	173.10
淮北市	79.24	86.70	96.09	101.03	102.59	108.30	110.60	108.30	120.30	133.80
铜陵市	18.11	19.30	20.56	21.64	22.43	82.60	83.00	81.40	84.60	91.00
安庆市	313.80	341.49	370.89	338.75	350.62	363.33	366.04	355.21	382.58	428.87
黄山市	76.26	82.03	89.22	91.71	94.95	97.10	99.20	97.90	105.80	115.70
滁州市	292.36	325.01	352.30	369.64	382.59	393.40	396.60	396.90	442.20	484.40
阜阳市	433.29	464.14	504.56	535.08	553.63	569.89	607.80	619.64	698.52	785.50
宿州市	385.73	421.84	448.09	482.26	499.14	467.00	491.00	499.09	555.06	607.00
六安市	322.48	353.08	372.45	392.11	405.25	354.90	367.10	369.00	409.40	453.80

续表

地区	2011 年	2012 年	2013 年	2014 年	2015 年	2016 年	2017 年	2018 年	2019 年	2020 年
亳州市	287.83	317.78	343.76	361.75	366.58	392.10	399.60	384.30	429.70	472.40
池州市	94.22	103.77	112.39	119.27	125.30	127.10	130.70	132.80	146.50	154.80
宣城市	171.04	187.02	203.09	213.59	221.24	236.00	244.00	239.90	261.80	284.80
南昌市	214.05	240.28	257.09	283.63	296.92	304.34	310.04	321.01	360.53	401.62
景德镇市	67.16	72.94	78.24	82.67	87.96	91.43	94.54	97.85	105.17	117.43
萍乡市	76.96	82.32	87.24	91.04	97.96	92.12	93.93	95.25	108.99	123.22
九江市	182.75	200.01	220.54	233.81	246.82	289.48	312.76	313.40	351.60	381.39
新余市	73.79	80.16	84.37	89.55	94.15	103.05	93.32	97.01	108.81	120.57
鹰潭市	60.76	65.31	70.16	75.29	79.56	82.13	87.33	90.80	104.83	120.13
赣州市	375.09	405.36	435.90	460.79	480.59	518.17	535.51	545.80	608.06	674.40
吉安市	280.19	304.33	331.54	350.40	364.71	431.16	386.17	382.80	415.99	459.72
宜春市	332.60	358.93	377.42	398.29	418.61	466.47	441.66	454.68	505.93	559.40
抚州市	252.70	281.34	294.78	313.14	328.32	335.03	334.94	343.53	371.11	383.25
上饶市	280.67	305.71	328.03	347.94	363.51	378.00	392.17	406.50	440.28	479.61
武汉市	329.49	476.04	530.27	559.44	620.28	564.85	611.84	619.74	653.17	695.53
黄石市	102.15	122.85	133.76	147.01	158.75	151.76	162.21	164.13	177.91	198.95
十堰市	167.97	212.57	250.15	235.85	243.15	264.00	272.40	276.13	299.73	335.30
宜昌市	400.49	502.96	555.63	581.45	617.68	628.08	657.91	666.62	719.19	799.67
襄阳市	503.23	624.55	678.91	704.46	725.55	704.25	721.41	727.35	789.95	909.29

续表

地区	2011年	2012年	2013年	2014年	2015年	2016年	2017年	2018年	2019年	2020年
鄂州市	108.75	126.68	138.50	143.79	149.83	169.87	160.60	162.10	173.15	171.76
荆门市	291.95	316.65	337.93	351.67	365.84	382.46	396.42	401.20	431.87	451.63
孝感市	355.90	417.57	452.40	470.53	476.88	466.75	497.82	504.22	545.99	611.16
荆州	484.20	534.97	578.34	616.16	626.43	687.06	702.17	711.42	766.45	808.07
黄冈	463.82	505.72	532.22	559.63	593.01	625.95	653.43	662.36	710.61	773.14
咸宁市	196.18	237.64	264.70	280.29	301.14	310.21	324.19	329.49	352.74	388.61
随州市	176.61	195.33	216.72	225.93	244.36	243.64	254.37	257.93	280.84	314.47
长沙市	387.72	419.78	454.62	490.59	537.13	504.30	514.20	526.92	607.70	722.19
株洲市	191.73	211.19	227.80	247.79	266.82	292.95	271.80	278.76	340.73	399.01
湘潭市	171.88	183.49	199.44	217.65	240.07	207.48	209.77	214.32	252.10	296.84
衡阳市	474.66	527.15	548.49	591.07	651.85	709.90	567.47	582.04	666.70	782.11
邵阳市	318.56	350.23	374.66	406.82	448.63	491.54	455.46	466.55	569.42	677.60
岳阳市	380.50	390.78	412.76	445.30	490.12	534.21	510.42	538.14	649.90	793.47
常德市	469.20	482.73	518.16	559.57	588.57	636.52	586.54	608.09	702.15	831.04
张家界市	61.52	67.21	72.14	77.44	84.59	92.11	92.28	94.25	113.78	136.11
益阳市	290.29	318.11	343.33	371.97	410.45	451.77	426.61	446.07	516.56	594.94
郴州市	248.10	262.25	281.72	304.04	335.32	367.44	339.20	350.85	416.90	505.98
永州市	406.02	434.34	469.25	507.21	555.34	591.78	536.61	552.93	653.71	774.20
怀化市	215.73	244.83	266.27	287.23	309.43	336.48	324.80	330.73	399.10	468.26

续表

地区	2011 年	2012 年	2013 年	2014 年	2015 年	2016 年	2017 年	2018 年	2019 年	2020 年
娄底市	213.91	237.84	257.62	279.12	301.45	328.36	246.56	245.62	288.58	333.27
重庆市	1 204.16	1 327.34	1 418.27	1 595.00	1 738.15	1 851.60	1 902.47	2 052.41	2 337.81	2 749.10
成都市	624.44	690.51	716.33	751.65	815.34	880.76	916.15	951.44	1 003.34	1 071.90
自贡市	157.17	173.12	188.79	194.63	207.81	222.19	231.94	245.26	324.23	403.20
攀枝花市	41.75	44.49	48.08	50.82	54.94	60.96	65.88	70.27	140.12	148.85
泸州市	208.79	232.42	251.96	263.02	280.77	298.62	305.22	317.80	357.18	430.29
德阳市	285.52	307.89	323.66	340.14	377.83	388.35	402.07	417.81	406.33	394.85
绵阳市	328.94	362.01	394.97	416.83	446.01	483.02	509.16	525.73	504.47	631.15
广元市	142.99	159.84	166.83	177.96	186.16	196.69	208.95	249.48	272.04	336.57
遂宁市	200.66	207.30	222.69	234.75	252.84	270.54	278.98	289.59	309.98	363.11
内江市	232.85	271.26	293.85	308.82	332.27	357.42	361.53	376.86	377.32	377.78
乐山市	195.25	212.11	223.74	234.69	249.07	267.79	276.25	290.07	385.96	481.85
南充市	400.76	453.19	499.69	528.04	567.51	598.80	608.96	638.92	656.03	673.14
眉山市	198.79	228.32	243.16	256.08	276.51	293.55	304.13	320.28	333.19	346.10
宜宾市	274.71	305.15	328.65	347.02	373.99	399.01	402.82	417.45	450.84	563.70
广安市	211.18	237.90	255.99	265.29	285.17	294.78	293.91	300.68	331.68	362.68
达州市	368.93	394.38	421.50	444.72	478.46	513.30	531.33	535.69	551.43	567.17
雅安市	110.79	122.88	127.42	134.05	145.20	157.17	162.91	169.11	193.40	237.62
巴中市	122.98	132.40	139.56	146.54	158.70	170.66	176.29	185.90	214.36	242.82

续表

地区	2011 年	2012 年	2013 年	2014 年	2015 年	2016 年	2017 年	2018 年	2019 年	2020 年
资阳市	182.35	212.15	228.11	238.25	257.71	277.43	284.53	295.27	261.79	228.31
贵阳市	225.07	268.84	298.66	316.77	328.58	349.69	366.38	374.84	447.49	519.50
六盘水市	376.89	443.87	492.93	523.00	542.78	576.02	603.74	596.28	713.19	911.13
遵义市	141.82	170.95	198.25	210.33	219.31	233.62	245.58	250.04	298.79	343.53
安顺市	160.64	184.91	211.19	224.91	234.52	249.59	262.09	268.93	321.36	385.41
毕节市	142.95	176.79	201.68	214.19	222.08	235.90	247.02	249.09	296.80	342.34
铜仁市	53.01	65.62	74.04	78.71	81.76	86.93	91.03	93.43	111.65	135.62
昆明市	144.55	180.46	213.19	226.84	235.86	251.01	263.38	270.60	323.04	377.09
曲靖市	148.75	190.24	220.46	234.57	244.59	260.31	273.35	271.95	324.65	385.88
玉溪市	96.55	111.49	125.88	170.68	200.41	225.61	248.00	256.26	270.20	305.28
保山市	56.50	69.25	93.81	122.17	185.38	212.70	225.86	246.29	260.49	293.77
昭通市	253.40	304.43	342.63	456.56	559.46	620.91	678.64	693.55	739.15	857.25
丽江市	70.01	81.97	93.86	131.55	184.44	208.01	227.94	267.92	287.76	307.59
普洱市	212.45	236.34	284.35	389.29	494.23	599.16	704.10	809.04	913.98	812.60
临沧市	167.30	200.46	220.88	249.48	278.08	306.69	372.06	404.15	427.99	497.56

表 3-5　长江经济带农业总产值空间格局演变（2011—2020 年）

农业总产值	2011 年	2016 年	2020 年
<200 亿元	铜陵、攀枝花、丽江、六盘水、鹰潭、张家界、景德镇、安顺、池北、淮南、新余、贵阳、鄂州、雅安、马鞍山、池中、临沧、昭通、广元、普洱、自贡、保山、十堰、铜仁、温州、常州、九江、随州、资阳、咸宁、湘潭、乐山、湖州、眉山、芜湖、宣城、株洲、金华	攀枝花、鹰潭、铜陵、丽江、景德镇、张家界、萍乡、丽水、衢州、池北、池州、淮安、马鞍山、黄石、雅安、鄂州、巴中、广元	铜陵、黄山、景德镇、鹰潭、湘潭、新余、萍乡、攀枝花、衢州、淮北、丽江、张家界、鄂州、丽水、马鞍山、黄石
200～400 亿元	遂宁、无锡、泸州、广元、毕节、娄底、南昌、怀化、昆明、蚌埠、内江、郴州、嘉兴、遵义、绍兴、宜宾、益阳、吉安、上饶、南京、德阳、邵阳、宜春、荆门、滁州、上海、台州、安庆、绵阳、连云港、六安、孝感、曲靖、岳阳、扬州、宿迁、宿州、长沙、成都、盐城、重庆、宁波、杭州、合肥	嘉兴、淮南、湘潭、安顺、温州、六盘水、湖州、自贡、贵阳、玉堰、普洱、舟山、城、金华、泰州、保山、芜湖、遂宁、临沧、十堰、乐山、无锡、眉山、宁、资阳、广安、株洲、九江、铜仁、昆明、咸宁、南昌、蚌埠、怀化、六、娄底、内江、抚州、安庆、郴州、上饶、荆门、德阳、亳州、滁州、宜宾	无锡、嘉兴、资阳、雅安、泰州、舟山、淮南、金华、温州、六盘水、宣城、上海、宣顺、随州、芜湖、湘潭、贵阳、安顺、绍兴、眉山、广元、昭通、玉堰、内江、九江、抚州、株洲、宁、普洱、遂、咸宁、德阳、沧、咸宁、荆门、德
>400 亿元	宜昌、南充、永州、淮安、阜阳、黄冈、常德、衡阳、荆州、南通、襄阳、成都、盐城、重庆	镇江、苏州、扬州、宿迁、益阳、赣州、达州、武汉、南充、毕节、连云港、黄冈、衡阳、荆州、成都、盐城、重庆、杭州、南京、合肥、岳阳、绵阳、永州、宜昌、常德、孝感、徐州、邵阳、长沙、曲靖、遵义、襄阳	南昌、自贡、吉安、安庆、蚌埠、怀化、泸州、上饶、乐安、镇江、昆明、南京、铜仁、杭州、郴州、扬州、宁波、徐州、赣州、南充、长沙、黄冈、衡州、常、盐、阳、阜阳、岳阳、遵义、德、南通、襄阳、荆州、曲靖、永节、成都、武汉、宿迁、宜昌、孝感、淮安、连云港、毕、城、宿州、邵阳、达州、益阳、重庆

具体来看，对于农业总产值小于 200 亿元来说，2011 年有 47 个，2016 年有 19 个，2020 年有 16 个，呈现出递减的趋势；对于农业总产值在 200～400 亿元之间的市来说，2011 年有 49 个，2016 年有 51 个，2020 年有 39 个；对于农业总产值大于 400 亿元来说，2011 年有 14 个，2016 年有 40 个，2020 年有 55 个，整体呈现快速增多的趋势。

3.3.2 农作物播种面积

表 3-6 显示出 2011—2020 年长江经济带 110 个地级（直辖）市农作物播种面积的统计数据情况。其中，2011 年、2016 年以及 2020 年三个年份农作物播种面积的统计数据，按照农作物生产总值小于 400 千公顷、在 400～800 千公顷之间和大于 800 千公顷的分类标准对长江经济带的 110 个地级（直辖）市进行分类，分类结果如表 3-7 所示。

具体来说，农作物播种面积小于 400 千公顷的市，2011 年有 48 个，2016 年有 45 个，2020 年有 46 个；农作物播种面积在 400～800 千公顷之间的市，2011 年有 40 个，2016 年有 42 个，2020 年有 43 个；农作物播种面积大于 800 千公顷的市，2011 年有 22 个，2016 年有 23 个，2020 年有 21 个，整体来看，各个分类均呈现出较为稳定的趋势。

表 3-6 长江经济带 110 个地级（直辖）市农作物播种面积情况（单位：千公顷）

地区	2011 年	2012 年	2013 年	2014 年	2015 年	2016 年	2017 年	2018 年	2019 年	2020 年
上海市	421.90	387.90	392.90	357.00	351.70	303.80	284.90	282.30	261.40	255.20
南京市	332.00	328.90	324.47	320.62	316.88	289.25	269.37	270.05	251.60	251.48
无锡市	178.45	182.85	178.67	178.66	173.13	160.31	150.90	145.37	137.91	129.80
徐州市	1 110.29	1 124.62	1 126.58	1 127.21	1 160.62	1 154.55	1 159.33	1 178.48	1 177.92	1 180.38
常州市	226.21	226.38	224.17	221.69	214.66	209.20	193.27	181.19	168.53	165.05
苏州市	266.19	263.07	257.63	253.02	250.22	241.40	227.31	217.79	208.62	209.65
南通市	850.60	846.98	843.53	835.55	835.73	824.10	811.37	784.63	787.33	786.30
连云港市	601.40	621.57	628.82	631.98	633.72	631.90	628.53	623.95	626.55	633.00
淮安市	793.15	793.05	794.00	796.45	795.76	797.17	794.03	804.08	802.86	809.78
盐城市	1 427.24	1 415.85	1 415.02	1 424.52	1 427.92	1 382.28	1 378.49	1 365.78	1 371.14	1 389.30
宿迁市	706.80	707.10	705.80	709.84	712.00	718.03	715.50	741.48	739.00	746.31
泰州市	577.02	580.53	582.32	581.98	581.03	575.18	566.16	530.22	518.47	518.57
镇江市	238.72	239.70	237.44	235.83	236.00	233.75	222.55	200.93	183.84	180.97
扬州市	503.60	507.44	510.27	510.93	509.12	507.16	482.62	476.54	471.10	477.84
杭州市	373.42	370.10	365.68	294.96	297.78	300.59	273.23	278.14	282.24	286.34
宁波市	314.30	309.50	307.91	286.61	284.92	283.22	261.48	258.37	259.30	260.23
温州市	249.27	247.08	245.65	218.76	215.70	200.60	208.41	211.50	216.33	215.48
嘉兴市	287.65	281.94	274.28	259.19	266.49	253.03	258.36	251.61	248.70	253.31
舟山市	23.52	23.30	23.13	13.45	15.78	18.10	16.18	15.38	15.77	15.50

续表

地区	2011年	2012年	2013年	2014年	2015年	2016年	2017年	2018年	2019年	2020年
衢州市	226.97	230.22	230.84	207.12	209.57	211.04	184.24	184.04	186.88	173.29
金华市	274.20	274.80	272.13	226.32	224.94	223.56	200.70	201.70	202.66	117.15
绍兴市	332.51	331.13	330.71	268.81	268.67	275.44	235.95	229.39	233.43	236.47
湖州市	225.00	224.25	223.07	187.12	151.68	143.98	142.88	133.06	135.16	137.05
台州市	254.60	251.40	252.86	203.60	207.32	211.04	215.47	199.18	201.42	200.34
丽水市	172.70	170.70	169.69	164.29	161.72	159.15	134.95	135.80	137.21	138.62
合肥市	751.20	750.30	743.27	751.37	754.30	755.62	754.46	678.37	680.44	689.10
芜湖市	387.10	381.20	374.45	377.65	377.57	370.17	364.49	326.22	325.78	325.35
蚌埠市	650.65	631.30	629.76	637.39	638.77	641.51	647.69	631.64	633.01	634.38
淮南市	249.71	241.80	243.77	247.98	492.18	499.52	495.75	570.03	570.22	570.41
马鞍山市	238.14	242.87	235.78	232.66	231.59	231.01	233.95	229.55	230.42	231.30
淮北市	286.40	253.90	255.01	257.68	260.22	262.26	265.51	290.33	290.86	291.38
铜陵市	47.50	46.00	45.80	46.67	140.70	139.60	140.34	139.63	139.21	140.68
安庆市	772.83	777.52	781.51	794.83	660.34	642.84	637.94	557.86	555.98	554.10
黄山市	130.51	130.40	129.53	129.41	127.36	126.16	122.33	95.98	97.34	98.70
滁州市	866.70	872.50	877.10	882.26	888.93	896.80	898.42	906.65	904.91	906.00
阜阳市	1 234.62	1 212.70	1 217.58	1 227.68	1 214.04	1 100.72	1 106.29	1 115.91	1 118.51	1 131.14
宿州市	991.89	996.85	999.80	1 020.35	1 037.77	1 036.21	1 047.22	1 036.29	1 035.36	1 038.03
六安市	889.24	899.35	897.01	905.96	907.75	674.15	667.72	727.66	729.46	731.27

续表

地区	2011年	2012年	2013年	2014年	2015年	2016年	2017年	2018年	2019年	2020年
亳州市	1 050.54	1 048.02	1 055.34	1 083.80	1 093.71	1 085.88	1 097.48	1 021.32	1 026.14	1 030.96
池州市	200.00	202.30	201.95	203.61	200.35	193.18	183.69	165.36	166.14	166.92
宣城市	357.01	355.10	354.79	355.81	353.24	349.42	342.06	279.20	280.33	281.47
南昌市	539.20	543.52	547.80	552.08	556.37	518.75	500.30	486.71	464.42	484.40
景德镇市	156.10	156.70	157.30	157.90	158.50	157.30	156.10	154.90	153.70	152.50
萍乡市	140.00	145.45	150.90	156.35	161.80	160.10	158.40	156.70	155.00	153.30
九江市	535.24	538.67	542.10	545.53	548.96	551.20	553.44	555.68	557.92	560.16
新余市	137.22	137.25	137.27	137.29	137.31	137.20	135.31	133.43	131.54	129.66
鹰潭市	152.43	153.11	153.80	154.49	155.17	156.10	157.03	157.96	158.89	159.82
赣州市	752.22	781.28	779.98	778.68	777.38	776.08	774.78	773.48	772.20	769.16
吉安市	916.93	925.83	934.73	943.63	952.54	953.80	952.91	945.93	940.03	961.00
宜春市	908.52	922.61	936.70	950.79	964.88	966.80	932.42	907.09	865.56	902.79
抚州市	603.05	598.37	593.70	589.03	584.36	624.33	619.57	599.37	597.15	592.49
上饶市	794.60	794.06	793.52	801.09	803.47	801.30	792.79	784.28	775.77	767.27
武汉市	533.02	548.00	545.72	528.01	522.02	512.71	408.20	409.04	406.84	414.33
黄石市	228.50	240.00	242.95	235.07	232.40	228.25	176.51	174.14	174.40	173.64
十堰市	390.78	452.20	388.66	389.64	384.07	387.52	394.66	405.38	408.92	413.48
宜昌市	589.25	599.88	609.77	615.07	615.03	517.16	522.66	519.47	596.11	626.71
襄阳市	918.40	960.80	964.86	968.92	972.98	977.04	1 049.76	1 051.13	1 022.92	1 040.07

续表

地区	2011年	2012年	2013年	2014年	2015年	2016年	2017年	2018年	2019年	2020年
鄂州市	116.00	121.00	120.49	116.58	115.26	113.20	93.12	93.18	91.64	86.91
荆门市	577.48	586.99	631.74	646.45	671.67	684.11	671.38	661.30	654.55	677.00
孝感市	560.70	603.30	612.63	592.75	586.02	575.57	592.15	581.48	570.93	590.67
荆州	1 043.20	1 067.30	1 078.55	1 087.60	1 117.64	1 039.42	1 119.20	1 090.12	1 061.24	1 081.07
黄冈	756.87	760.00	769.67	767.52	768.58	765.22	789.40	814.98	810.16	828.47
咸宁市	375.76	399.18	402.76	421.04	436.75	428.75	428.94	424.83	420.80	430.16
随州市	307.95	316.40	327.82	334.86	335.30	336.00	333.29	319.74	287.21	302.31
长沙市	639.70	656.72	671.63	678.96	681.19	678.42	594.26	577.36	583.13	572.37
株洲市	376.80	387.80	398.53	407.83	416.39	415.56	389.09	362.62	336.15	309.68
湘潭市	304.50	308.70	313.55	320.04	331.16	332.29	296.13	297.26	261.10	288.50
衡阳市	933.31	957.40	972.90	989.40	1 001.45	1 008.99	828.35	820.17	816.07	811.98
邵阳市	796.51	822.90	863.13	907.54	927.79	931.74	840.58	842.31	837.78	853.20
岳阳市	848.70	865.90	877.53	889.20	901.44	905.07	751.87	753.42	749.37	763.16
常德市	1 184.50	1 197.90	1 225.33	1 228.10	1 224.54	1 225.48	1 093.04	1 095.29	1 089.40	1 109.45
张家界市	214.40	217.50	229.97	234.51	236.01	239.29	218.63	215.69	216.02	215.08
益阳市	714.44	739.00	763.51	778.52	776.17	776.71	689.92	708.66	714.85	722.82
郴州市	534.65	541.66	555.20	558.12	565.58	572.36	579.29	581.53	582.61	588.49
永州市	861.30	886.50	894.27	927.90	946.17	947.03	834.54	835.63	813.20	826.84
怀化市	578.14	591.10	606.90	620.54	630.95	633.04	492.56	492.88	484.73	459.71

续表

地区	2011 年	2012 年	2013 年	2014 年	2015 年	2016 年	2017 年	2018 年	2019 年	2020 年
娄底市	357.00	369.40	378.07	384.90	393.19	394.52	345.61	340.42	336.95	348.50
重庆市	3 225.77	3 320.30	3 318.49	3 540.40	3 311.32	3 333.10	3 339.60	3 348.50	3 345.70	3 372.50
成都市	806.83	792.89	778.72	753.26	740.23	728.48	730.99	739.31	733.32	728.87
自贡市	309.49	316.81	323.93	332.52	342.53	352.49	362.65	366.41	372.03	377.65
攀枝花市	65.10	66.34	67.51	67.97	69.17	70.81	70.21	71.41	72.26	73.11
泸州市	515.45	524.37	525.98	524.46	527.03	528.62	541.29	540.67	541.96	543.25
德阳市	477.09	478.75	480.07	479.35	478.52	476.48	477.25	476.72	477.92	479.12
绵阳市	644.15	650.34	660.53	660.07	663.60	664.57	660.19	661.96	666.89	674.50
广元市	444.94	457.28	469.32	477.02	486.49	493.08	495.44	498.60	502.89	507.18
遂宁市	402.49	402.26	408.46	413.35	523.10	408.94	387.45	387.00	388.50	395.40
内江市	416.98	429.47	438.82	444.06	455.93	464.66	476.73	478.15	481.38	484.61
乐山市	321.49	325.11	327.13	328.80	331.75	335.87	338.55	340.79	344.11	356.00
南充市	878.49	886.86	886.29	883.35	883.86	882.12	885.32	888.87	897.66	728.87
眉山市	331.81	443.96	320.88	316.83	314.31	310.51	313.40	314.55	318.07	319.90
宜宾市	496.01	513.47	529.10	545.34	566.72	585.37	589.39	591.97	598.45	604.93
广安市	396.99	399.36	400.44	400.29	402.54	405.29	406.71	406.27	410.20	414.13
达州市	776.89	787.57	794.62	795.59	802.54	807.23	809.52	810.29	815.92	821.55
雅安市	117.40	118.40	118.32	117.46	115.90	115.74	115.61	115.97	116.78	128.87
巴中市	463.62	472.62	477.44	480.73	485.96	489.17	500.52	508.33	514.72	521.11

续表

地区	2011年	2012年	2013年	2014年	2015年	2016年	2017年	2018年	2019年	2020年
资阳市	520.52	523.91	522.21	518.18	516.99	513.65	516.39	517.27	521.96	526.65
贵阳市	268.35	272.18	282.24	286.62	295.02	260.94	264.85	257.71	250.18	249.70
六盘水市	242.80	243.95	252.91	384.02	255.42	260.94	263.76	255.36	255.57	255.27
遵义市	1 204.28	1 235.86	1 273.85	1 302.15	1 294.30	1 291.01	1 302.25	1 141.00	1 201.16	1 264.74
安顺市	255.30	263.55	273.82	285.43	289.66	299.32	302.56	292.92	293.16	292.82
毕节市	1 061.44	1 109.05	1 148.81	1 170.66	1 165.18	1 179.04	1 191.80	1 204.56	1 217.31	1 230.07
铜仁市	560.20	573.67	606.10	609.97	616.51	614.54	621.08	619.11	625.65	623.68
昆明市	429.60	449.20	451.40	454.80	453.70	458.50	462.45	396.10	425.70	438.10
曲靖市	1 080.80	1 115.40	1 145.40	1 145.40	1 161.30	1 162.20	1 166.30	1 093.50	1 114.90	1 129.00
玉溪市	259.00	269.40	275.90	276.40	276.80	277.60	280.20	285.60	289.40	288.40
保山市	403.10	412.60	413.00	412.90	409.30	410.00	409.30	408.10	411.10	415.60
昭通市	736.00	750.20	763.00	758.70	750.70	754.90	745.50	708.60	702.80	706.10
丽江市	180.90	185.90	188.30	189.40	190.30	189.10	190.40	180.00	185.90	187.10
普洱市	470.50	481.50	489.60	499.70	501.80	500.30	503.00	498.30	507.30	512.80
临沧市	466.30	489.90	503.10	503.10	508.20	496.50	483.85	471.20	466.40	461.60

表 3-7　长江经济带农作物播种面积空间格局演变（2011—2020 年）

农作物播种面积	2011 年	2016 年	2020 年
<400 千公顷	舟山、铜陵、攀枝花、鄂州、雅安、黄山、新余、丽江、池州、张家界、湖水、常州、无锡、萍乡、鹰潭、景德镇、丽水、衢州、温州、台州、黄石、马鞍山、镇江、六盘水、淮南、金华、安顺、嘉兴、贵阳、金华、淮北、自贡、乐山、眉山、湘潭、南京、绍兴、芜湖、十堰、广安、宁波、咸宁、株洲、娄底、宣城、杭州	舟山、攀枝花、鄂州、雅安、黄山、新余、铜陵、湖州、景德镇、丽水、萍乡、无锡、台州、温州、丽江、池州、常州、镇江、衢州、黄石、马鞍山、镇江、六盘水、贵阳、淮南、金华、嘉兴、绍兴、宁波、张家界、淮北、王溪、上海、湘潭、眉山、杭州、自贡、宣城、乐山、娄底、芜湖、十堰	舟山、攀枝花、鄂州、黄山、金华、铜陵、丽水、景州、安、新余、无锡、湖州、池州、衢州、德镇、萍乡、镇江、丽江、台州、苏州、张家界、黄石、温州、马鞍山、绍兴、贵阳、南京、界、嘉兴、上海、六盘水、宁波、宣城、杭州、株洲、王溪、湘潭、淮北、安顺、随州、自贡、遂州、眉山、芜湖、乐山、宁
400~800 千公顷	遂宁、保山、内江、上海、德阳、昆明、广元、巴中、临沧、普洱、扬州、资阳、武汉、泸州、孝感、泰州、九江、怀化、铜仁、抚州、荆门、宜宾、连云港、长沙、绵阳、蚌埠、益阳、昭通、赣州、黄冈、成都、昭通、益阳、迁、达州、上饶、淮安、邵阳	广安、遂宁、德阳、保山、株洲、咸宁、昆明、内江、临沧、巴中、广元、普洱、扬州、武汉、南昌、宜宾、泸州、九江、郴州、泰州、怀化、安、连云港、抚州、六安、长沙、荆门、赣州、绵阳、昭通、蚌埠、宿迁、益阳、合肥、成都、淮安	十堰、广安、临沧、咸宁、昆明、怀化、扬州、南昌、资州、普洱、巴中、内江、泸州、孝感、广元、安庆、九江、淮南、抚州、宜宾、铜仁、宜昌、连云港、蚌埠、绵阳、荆门、合肥、昭通、成、都、南充、六安、岳阳、益阳、上饶、赣州、宿迁、南通
>800 千公顷	成都、岳阳、六安、宜春、永州、滁州、衡阳、襄阳、荆州、宿州、常德、徐州、曲靖、遵义、亳州、毕节、阜阳、盐城、重庆	上饶、达州、永州、宿州、邵阳、宜春、衡阳、南充、南通、滁州、岳阳、襄阳、徐州、荆州、常德、曲靖、宿州、毕节、遵义、常德、盐城、重庆	淮安、衡阳、达州、永州、黄冈、邵阳、襄阳、宜春、滁州、吉安、宿州、荆州、常德、阜阳、曲靖、毕节、遵义、徐州、盐城、重庆

3.4 本章小结

本章首先从地理特征、自然条件、资源优势以及产业发展现状对长江经济带做了初步的概括，再对长江经济带的农业发展情况做进一步分析，从时间维度上分析长江经济带的农业总产值和农作物播种面积的时序变化；再以长江经济带的110个地级（直辖）市为研究对象，从空间维度上分析长江经济带的农业总产值和农作物播种面积的空间演变，得到以下结论：

（1）从时间维度上来看，对于农业总产值来说，随着技术的不断进步以及对农业发展的重视，长江经济带的农业总产值在2011—2020年期间持续稳定上升，不断突破新高；对于农作物播种面积来说，在这十年间，舟山市和重庆市分别为长江经济带每年播种面积最小和最大的市；从总体来看，长江经济带农作物播种面积在这十年间呈现出跌宕起伏的变化趋势，主要可以分为三个阶段：第一阶段为2011—2015年，总播种面积增加；第二阶段为2016—2019年，总播种面积出现下降趋势；第三阶段为2019—2020年，总播种面积再次上升。

（2）从空间维度上来看，选取2011年、2016年和2020年三个典型年份为基础，将长江经济带的110个地级（直辖）市分为三类，进而说明长江经济带处于农业总产值和农作物播种面积较少的市的个数在减少，而处于农业总产值和农产品播种面积较多的市的个数再增多。

第4章 长江经济带农业碳排放效率评价

2020 年我国政府明确提出了 2030 年"碳达峰"和 2060 年"碳中和"的目标（"双碳"目标）。"双碳"目标的提出将农业低碳发展的必要性和重要性提到了新的高度，未来农业发展也必将面临更多挑战。因此，发展低碳农业，能够突显特色农业优势，保护和改善流域生态服务功能，推进生态文明建设，推动区域绿色循环低碳。如何保障农业安全，实现农业高质量发展，是当前亟待解决的关键问题。美国经济学爱德华·丹尼森认为，生产要素投入量和生产要素生产率是经济增长的两个源泉。前者是通过要素投入数量增加的粗放式增长模式，与我国目前农业生产方式由粗放式增长方式转变为集约节约型发展模式相悖；后者是通过提升生产效率来促进农业增长，能够实现农业生产要素统筹兼顾，资源与环境协调发展的目的。当前，国内外学者采用不同方法、从不同视角对我国农业生产效率进行了测算，探索粮食增长方式和路径，总结农业发展模式，提出了许多有针对性的对策建议。但由于研究方法的局限性，大多数文献对农业生产效率的研究仅局限于农业生产投入要素（如劳动力、土地、资本等）增加的粗放式发展方式，缺少与农业生产相关的环境因素，不能准确地反映出农业生产效率的真实水平。这容易扭曲经济发展绩效，甚至会使得基于生产效率的政府决策发生偏误（Hailu et al.，2000；潘丹，2012；闵锐和李谷成，2013；谢会强和吴晓迪，2023）。

本章将农业碳排放量纳入传统的农业生产效率的投入-产出指标体系构建中，以 2012—2020 年长江经济带 110 个地级（直辖）市农业生产的面板数据为基础，通过超效率 SBM 模型测算长江经济带农业碳排放效率，并从时间维度和空间维度分析其农业碳排放效率。研究结果将有利于统筹农业生产与环境保护协调发展，实现农业高质量发展，有利于保障农业安全根基更加稳固。

按照以上目标，本章结构安排如下：首先，选择农业生产效率方法并构建模型，主要通过几种典型的农业生产效率测算方法比较分析，选择适合本研究测算方法并构建模型；其次，对农业生产效率测算所需要的投入产出变量进行解释说明，并计算农业生产过程中带来的农业碳排放量；再次，分别采用超效率 SBM模型和 Malmquist-Luerberger 生产指数方法对长江经济带农业碳排放效率进行测算和分解；最后，对本章研究内容进行小结。

4.1 农业生产效率测算方法选择与构建

4.1.1 静态效率方法与构建

数据包络分析方法（DEA）是由美国著名运筹学家 A. Charnes 和W. W. Cooper 提出来的。该方法通过运用线性规划，对多投入和多产出指标的决策单元（Decision Making Unit，DMU）进行相对有效性评价。DEA 方法的主要原理是通过对决策单元进行比较，得出具有相同的最佳决策单元，构建有效生产前沿面（Production Frontier），最终以生产前沿面为参照标准测算各决策单元的效率值，并对生产前沿面以内的无效决策单元进行改进。随着理论和应用领域不断拓展，DEA 方法得到广泛应用，已经成为一种重要的效率评价方法和有效的数理分析工具，形成生产可能集、生产前沿面及投影等相对完整的理论体系。以下是常见的静态效率评价方法。

1. 传统 DEA 模型

DEA 方法是在 Farrell（1957）提出包络思想研究基础上形成的一种非参数绩效评价方法，传统 DEA 方法主要包括 C^2R（Charnes-Cooper-Rhodes）和 BC^2（Banker-Charnes-Cooper）模型。本研究以投入导向的 C^2R 模型为例进行介绍。

假设目前有 n 个决策单元，每个决策单元有 m 种投入指标，得到 q 种产出。其中，任意决策单元（DMU_j）的第 i 种投入指标、第 r 种产出指标分别用 x_{ij}、y_{rj} 表示，$i=1, 2, \cdots, m$；$j=1, 2, \cdots, n$；$r=1, 2, \cdots, q$。被评价决策单元 DMU_k 的效率值函数为

$$\theta_k = \max \frac{\sum_{r=1}^{q} u_r y_{rk}}{\sum_{i=1}^{m} w_i x_{ik}} \tag{4.1}$$

$$S.t. \quad \frac{\sum_{r=1}^{q} u_r y_{rj}}{\sum_{i=1}^{m} w_i x_{ij}} \leqslant 1, \quad j = 1,2,\cdots n \tag{4.2}$$

其中，u_r、w_i 分别表示第 r 种产出指标、第 i 种投入指标权重系数，$u_r \geqslant 0$、$w_i \geqslant 0$，$i=1,2,\cdots,m$；$r=1,2,\cdots,q$。θ_k 表示第 k 个 DMU_k 的效率值，当且仅当 $\theta_k = 1$ 时，DMU_k 的效率值是有效的。

通过等价变换，将非线性规划转换为线性规划模型，并求得其对偶形式，得到 DEA-C^{2}R 模型如下：

$$\min \theta_k - \varepsilon \left(\sum_{i=1}^{m} q_i^- + \sum_{r=1}^{q} q_r^+ \right) \tag{4.3}$$

$$S.t. \begin{cases} \sum_{j=1}^{n} \lambda_j x_{ij} + q_i^- = \theta_k x_{ik}, \quad i = 1,2,\cdots,m \\ \sum_{j=1}^{n} \lambda_j y_{rj} + q_r^+ = y_{rk}, \quad r = 1,2,\cdots,q \\ \lambda_j \geqslant 0, \quad j = 1,2,\cdots,n \\ q_i^- \geqslant 0, q_r^+ \geqslant 0 \end{cases} \tag{4.4}$$

其中，θ_k 表示 DMU_k 的效率值；变量 q_i^- 和 q_r^+ 分别表示投入和产出的松弛变量；ε 是一个非阿基米德无穷小量。若（θ_k^*，λ_j^*，q_i^{-*}，q_r^{+*}）是模型的最优解，那么得到以下关于 DMU_k 的效率分析结果如下：

① 如果 $0 \leqslant \theta_k^* < 1$，那么 DMU_k 是无效率的，需要通过减少投入来提高效率值。

② 如果 $\theta_k^* = 1$ 且 $q_i^{-*} = 0$、$q_r^{+*} = 0$，那么 DMU_k 是强有效的。

③ 如果 $\theta_k^* = 1$ 且 $q_i^{-*} \neq 0$ 或者 $q_r^{+*} \neq 0$，那么 DMU_k 是弱有效的，部分投入变量可能存在冗余。

2. 基于 SBM-Undesirable 模型

运用径向 DEA 模型测算评价对象的无效率水平时，只计算了投入产出指标能够等比例增加或减少的部分。但现实中，投入产出指标的变化幅度并不相同。

为此，Tone（2001）年提出了能够考虑 DMU 投入指标冗余和产出指标不足的 SBM 模型，有效解决了这类问题。同时，Tone（2003）考虑将非期望产出纳入投入产出指标体系中，构建 SBM-Undesirable 模型，该模型一方面可以通过松弛变量来对目标函数进行修正从而提出 SBM 模型，合理地解决投入产出的松弛变量问题；另一方面也可以解决包含非期望产出的生产效率评价问题（潘丹，2012），如表 4-1 所示。

表 4-1　静态角度分析生产效率的主要模型比较

研究方法	优点	缺点
传统 DEA	能够测算所有决策单元相对效率值，在处理多指标投入产出绩效评价时，无需主观确定指标权重，对效率较低决策单元给出改进目标	传统 DEA 模型对无效决策单元的改进方式是所有投入或产出指标等比例改变，对效率的测度存在偏差
SBM-Undesirable 模型	能够通过松弛变量来对目标函数进行修正，合理的解决投入产出的松弛变量问题，同时可以解决包含非期望产出的生产效率评价问题	SBM-Undesirable 模型目标函数是使效率最小化，即投入和产出指标无效率值最大化，说明评价对象投影点是前沿面上距离评价对象最远点

SBM-Undesirable 模型是对 SBM 模型不足的补充，即引入非期望产出并将其纳入投入产出指标体系中，这使得生产效率测算结果更加科学合理，原理如下：

首先，确定研究系统决策单元（DMU）的个数 n，其中每个决策单元含有 3 个向量，分别为投入向量、期望产出向量以及非期望产出向量，分别表示为 $x \in R_m$，$y^g \in R_{s_1}$，$y^b \in R_{s_2}$。其次，定义矩阵 X，Y^g，Y^b 分别为：$X = (x_{ij}) \in R_{m \times n}$，$Y^g = (y^g_{ij}) \in R_{s_1 \times n}$，$Y^b = (y^b_{ij}) \in R_{s_2 \times n}$。令生产可能性集合为 P，即 N 种要素投入 X 所产生的期望产出、非期望产出的所有组合，定义如下：

$$P = \{ (x, y^g, y^b) \,|\, x \geqslant X\lambda, \ y^g \geqslant Y^g\lambda, \ y^b \geqslant Y^b\lambda, \ \lambda \geqslant 0 \} \tag{4.5}$$

根据定义，加入非期望产出的 SBM-Undesirable 模型如下：

$$\rho^* = \min\rho = \frac{1 - \dfrac{1}{m}\sum_{i=1}^{m}\dfrac{S_i^-}{X_{i0}}}{1 + \dfrac{1}{S_1 + S_2}\left(\sum_{r=1}^{S_1}\dfrac{S_r^g}{y_{r0}^g} + \sum_{r=1}^{S_2}\dfrac{S_r^b}{y_{r0}^b}\right)} \tag{4.6}$$

$$\text{S. t.} \begin{cases} x_0 = X\lambda + S^-; y_0 = Y^g\lambda - S^g; y_0^b = Y^b\lambda + S^b \\ S^- \geqslant 0; S^g \geqslant 0; S^b \geqslant 0; \lambda \geqslant 0 \end{cases} \tag{4.7}$$

式中，ρ^* 为被评价单元 DMU 的效率值；X、Y^g、Y^b 分别为投入、期望产出、非期望产出向量；S^-、S^g、S^b 分别为投入、期望产出、非期望产出的松弛变量；λ 是权重向量。当且仅当 $S^-=0$，$S^g=0$，$S^b=0$ 时，$\rho^*=1$，此时决策单元是有效的；而当 S^-、S^g、S^b 中至少有一个不为零时，$\rho^*<1$，此时决策单元是无效的，即投入产出存在需要改进的地方。

然而，采用 SBM 模型进行测算，可能出现多个决策单元效率值为 1 的情况（为完全有效率），这将无法对相应的决策单元进行有效评价。本研究采用超效率 SBM 非期望产出模型得出的效率值允许出现大于等于 1，或小于 1，使得各个决策单元可以相互比较，有效地解决决策单元完全有效率问题。该模型可以表示为

$$\varphi_{kt}=\min\varphi=\dfrac{\dfrac{1}{m}\sum\limits_{i=1}^{m}\dfrac{\overline{x}}{x_{ik}}}{\dfrac{1}{s_1+s_2}\left(\sum\limits_{r=1}^{S_1}\dfrac{\overline{y}^g}{y_{r0}^g}+\sum\limits_{r=1}^{S_2}\dfrac{\overline{y}^b}{y_{r0}^b}\right)} \tag{4.8}$$

$$\text{S. t.}\begin{cases}\overline{x}\geqslant\sum\limits_{j=1,j=k}^{n}x_{ij}\lambda\\[2mm]\overline{y}^g\leqslant\sum\limits_{j=1,j\neq k}^{n}y_{rj}^g\lambda_j\\[2mm]\overline{y}^b\geqslant\sum\limits_{j=1,j\neq k}^{n}y_{rj}^b\lambda_j\\[2mm]\sum\limits_{j=1,j\neq k}^{n}\lambda_j=1\end{cases} \tag{4.9}$$

式中，φ_{kt} 为被评价单元 DMU 的效率值；x、y^g、y^b 分别为投入、期望产出、非期望产出向量，$\overline{x}\geqslant x_{ik}$，$\overline{y}^g\leqslant y_{rk}^g$，$\overline{y}^b\geqslant y_{rk}^g$，$\lambda_j\geqslant0$。

为了进一步对决策单元生产无效进行改进，需要摸清长江经济带农业碳排放效率无效的原因，进而为提高农业碳排放效率提供更具有针对性实施策略。根据已有学者的研究，将影响农业碳排放效率无效的因素进行分解（潘丹，2012），具体分解如下：

投入农业生产要素的冗余表示为

$$\text{IE}_x=\frac{1}{N}\sum_{n=1}^{N}\frac{S_n^x}{x_{n0}} \tag{4.10}$$

农业产值不足表示为

$$IE_y = \frac{1}{M+I}\sum_{m=1}^{M}\frac{S_m^y}{y_{m0}} \tag{4.11}$$

农业碳排放量冗余表示为

$$IE_b = \frac{1}{M+I}\sum_{i=1}^{I}\frac{S_i^b}{b_{i0}} \tag{4.12}$$

4.1.2 动态效率方法与构建

本研究在超效率 SBM 模型的基础上，结合 Malmquist-Luerberger 指数动态对长江经济带农业碳排放效率进行分解分析。Malmquist-Luerberger 指数是在 Malmquist 指数基础上考虑了非期望产出。

Malmquist-Luerberger 指数是在 Malmquist 指数的基础上考虑了非期望产出的一种动态指数方法。将决策单元的投入指标记为 X，期望产出记为 Y，非期望产出记为 B，产出的调整量记为 G（王利利，2018），根据 Chung 等（1997）基于产出时期 t 到时期 $t+1$ 的 ML 生产率指数计算公式如下：

$$ML_t^{t+1} = \sqrt{\frac{1+E^t(x^{t+1},y^{t+1},b^{t+1},g_y^{t+1},-g_b^{t+1})}{1+E^t(x^t,y^t,b^t,g_y^t,-g_b^t)} \cdot \frac{1+E^{t+1}(x^{t+1},y^{t+1},b^{t+1},g_y^{t+1},-g_b^{t+1})}{1+E^{t+1}(x^t,y^t,b^t,g_y^t,-g_b^t)}} \tag{4.13}$$

其中，ML 指数可以分解为环境技术效率指数（$MLEC_t^{t+1}$）和环境技术进步指数（$MLTC_t^{t+1}$），则时期 t 到时期 $t+1$ 的 ML 生产率指数计算公式进一步分解如下：

$$ML_t^{t+1} = MLEC_t^{t+1} \cdot MLTC_t^{t+1} \tag{4.14}$$

$$MLEC_t^{t+1} = \frac{1+E^{t+1}(x^{t+1},\ y^{t+1},\ b^{t+1},\ g_y^{t+1},\ -g_b^{t+1})}{1+E^t(x^t,\ y^t,\ b^t,\ g_y^t,\ -g_b^t)} \tag{4.15}$$

$$MLTC_t^{t+1} = \sqrt{\frac{1+E^t(x^{t+1},y^{t+1},b^{t+1},g_y^{t+1},-g_b^{t+1})}{1+E^{t+1}(x^{t+1},y^{t+1},b^{t+1},g_y^{t+1},-g_b^{t+1})} \cdot \frac{1+E^t(x^t,y^t,b^t,g_y^t,-g_b^t)}{1+E^{t+1}(x^t,y^t,b^t,g_y^t,-g_b^t)}} \tag{4.16}$$

其中，环境技术效率变化指数（$MLEC_t^{t+1}$）、环境技术进步指数（$MLTC_t^{t+1}$）分别与 Malmquist 指数方法中技术效率变化指数、技术进步指数含义相同。

同样地，环境技术效率指数（$MLEC_t^{t+1}$）可以分解为 MLE^{t+1} 和 MLE^t，即 $MLEC_t^{t+1} = MLE^{t+1}/MLE^t$。环境技术进步指数（$MLTC_t^{t+1}$）可以分解为中性技术进步指数（$MLMATC_t^{t+1}$）、投入偏向型技术进步指数（$MLIBTC_t^{t+1}$）和产出偏向型技术进步指数（$MLOBTC_t^{t+1}$），即 $MLTC_t^{t+1} = MLMATC_t^{t+1} \cdot MLIBTC_t^{t+1}$

・MLOBTC$_t^{t+1}$。其中，分解的规模效率指数、纯技术效率指数、中性技术进步指数、投入偏向型技术进步指数以及产出偏向型技术进步指数与 Malmquist 指数方法中对应指数含义对应相同。

因此，本章农业碳排放效率的具体分析步骤为：首先采用超效率 SBM 模型及其 ML 测度长江经济带农业碳排放效率值，并将其分解为农业生产环境技术效率指数和农业生产环境技术进步指数两部分。其中，农业生产环境技术效率指数分解为投入无效率、农业产出无效率以及农业碳排放量无效率三个部分。农业生产环境技术进步指数可以分解为中性技术进步指数、投入偏向型技术进步指数以及产出偏向型技术进步指数。通过分解指数的分析，将有利于发现影响农业碳排放效率的内在因素，为提高农业碳排放效率水平提供参考依据。

4.2　数据来源与变量描述性统计

4.2.1　数据来源及变量选取

1. 数据来源

长江经济带是我国重要的农业生产区。本研究选取长江经济带 110 个地级（直辖）市作为研究对象，时间序列为 2012—2020 年，研究数据主要来源于历年《中国统计年鉴》《上海统计年鉴》《江苏统计年鉴》《浙江统计年鉴》《安徽统计年鉴》《江西统计年鉴》《湖北统计年鉴》《湖南统计年鉴》《重庆统计年鉴》《四川统计年鉴》《贵州统计年鉴》《云南统计年鉴》以及各地级（直辖）市统计公报，部分数据基于年鉴数据计算获得。采用的空间数据来源于国家基础地理信息数据中心提供的 1∶150 万矢量数据。

2. 变量选取

本章在数据包络分析基础上，结合当前国内外学者的相关研究，根据农业生产效率指标体系构建的合理性、科学性等原则以及数据可获得性，拟选取七类投入指标，即劳动力投入、土地投入、化肥投入、农药、农膜、机械动力投入、水资源投入（闵锐等，2012；张利国等，2016；宁论辰等，2021）。其中，劳动力投入以农业从业人员表示，土地投入以农作物播种面积表示，化肥投入以农用化肥施用折纯量表示，机械动力投入以农业机械总动力表示，水资源投入以有效灌溉面积表示。

拟选取两类产出指标，即期望产出和非期望产出。期望产出用各年的农业产值表示；非期望产出用农业碳排放量表示（王惠和卞艺杰，2015；郭四代等，2018；贺俊，2022），农业生产过程中造成的农药污染、化肥污染、温室气体排放、地膜残留等负外部性要素均与农业碳排放量有关。目前，大多数学者（李波等，2011；杨青林等，2023）认为农业碳排放主要来源包括 6 个方面：① 农业生产过程中所需化肥，会直接或间接产生碳排放；② 农药生产和使用过程中所导致的碳排放；③ 农膜生产和使用过程中所引起的碳排放；④ 由于农业机械运用而直接或间接消耗化石燃料（主要是农用柴油）所产生的碳排放；⑤ 农业翻耕破坏了土壤有机碳库，大量有机碳流失到空中所形成的碳排放；⑥ 水源灌溉过程中电能利用间接耗费化石燃料所形成的碳释放。选取长江经济带 110 个地级（直辖）市历年的碳排放量作为指标。由于没有各地级（直辖）市直接的碳排放量数据，本研究借鉴已有的研究（李波等，2011），构建农业碳排放计算方法如下：

$$E = \sum E_i = \sum T_i \cdot \delta_i \qquad (4.17)$$

式中，E 表示农业碳排放总量；T_i 表示第 i 种碳源的消耗量；δ_i 表示第 i 种碳源的碳排放量系数。农业碳排放碳源及相关系数见表 4-2。

表 4-2　农业碳排放碳源及系数

碳源	碳排放系数
化肥	0.895 6 kgC/kg
农药	4.934 1 kgC/kg
农膜	5.180 0 kgC/kg
农业机械	0.592 7 kgC/kg
农业灌溉	20.476 0 kgC/hm²
农业翻耕	312.600 0 kgC/km²

根据公式（4.17）测算 2011—2020 年长江经济带农业碳排放量，结果如图 4-1 所示。从图中可以看出，2011—2020 年长江经济带农业碳排放量变化趋势分两个阶段：2011—2013 年长江经济带农业碳排放量呈持续上升态势（第一阶

段）；2014—2020 年长江经济带农业碳排放量呈持续下降态势（第二阶段）。这可能由于 2006 年我国全面取消农业税，提高了农民劳动积极性，提高了农业产值的增加速度，多方作用使得农业绿色发展效率有所上升。但是粗放的生产管理模式（通过增加化肥、农药等生产要素）使得农业产生的负面影响也变大。2012年之后长江经济带农业绿色发展效率的增长速度加快，生态文明理念逐渐深入人心，促使环境保护意识的进一步加强，以及农业发展目标从产量导向转向质量导向，人们对于高质量农产品的需求都促进了农业的绿色发展，合力共同促进长江经济带农业绿色发展效率快速提升。

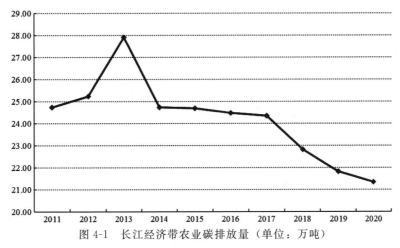

图 4-1　长江经济带农业碳排放量（单位：万吨）

4.2.2　变量的描述性统计

从表 4-3 可知，长江经济带农业生产情况在 2011—2020 年间表现出较大差异。其中，农业从业人员、农作物播种面积、化肥施用量、农药、农膜、农业机械总动力、有效灌溉面积、农业产值、农业碳排放量等最大值与最小值比值均在较大差距。由于各投入产出变量的最大值与最小值比值以及标准差的差异等均较大，说明长江经济带各地级（直辖）市农业生产规模和增长速度迥异，且不同地级（直辖）市农业生产所消耗的生产要素以及造成的农业碳排放量也存在明显差异。因此，在对长江经济带农业碳排放效率进行测算时，若未将农业碳排放量纳入农业生产投入产出指标体系中，必然会导致结果出现偏差。

表 4-3　长江经济带各地级（直辖）市农业生产投入-产出指标统计描述（2011—2020 年）

变量名称	符号	平均值	标准差	最小值	最大值
农业从业人员（万人）	Labor	105.39	80.19	10.46	439.27
农作物播种面积（万公顷）	Land	54.87	30.34	13.92	142.79
化肥施用量（万吨）	Fertilizer	18.34	13.27	4.02	90.39
农药（万吨）	Pesticide	0.61	0.44	0.12	2.38
农膜（万吨）	Farm Film	0.69	0.50	0.14	3.09
农业机械总动力（万千瓦）	Machine	320.01	187.89	87.58	1 243.30
有效灌溉面积（千公顷）	Water	213.01	132.17	51.75	754.78
农业产值（亿元）	Y	365.43	196.07	93.86	1 248.34
农业碳排放量（万吨）	Ace	29.69	21.95	7.27	324.94

4.3　农业碳排放效率时空演变分析

4.3.1　基于时间维度的农业碳排放效率分析

本节在考虑环境因素的情况下，计算了长江经济带 110 个地级（直辖）市 2012—2020 年间农业生产效率及其分解情况，① 具体结果如表 4-4 所示。总体来看，在考虑农业碳排放量因素的情况下，2012—2020 年长江经济带农业碳排放效率年均值为 1.107 8，说明其农业碳排放效率年均增长率为 10.78%。其中，2020 年其农业碳排放效率值最大，为 1.185 3，其次是 2019 年，为 1.173 6；2017 年其农业碳排放效率值最小，为 1.030 1，其次是 2018 年，为 1.060 0。

---

① 本节及后文提到的在非期望产出（农业碳排放量）约束测度的技术效率指数、技术进步指数、中性技术进步指数、投入偏向型技术进步指数、产出偏向型技术进步指数分别用环境技术效率指数、环境技术进步指数、环境中性技术进步指数、环境投入偏向型技术进步指数、环境产出偏向型技术进步指数表示。农业生产效率和农业碳排放效率等于（环境）技术效率指数与（环境）技术进步指数的乘积，（环境）技术效率指数等于（环境）规模效率指数与（环境）纯技术效率指数的乘积，（环境）技术进步指数等于（环境）中性技术进步指数、（环境）投入偏向型技术进步指数、（环境）产出偏向型技术进步指数三者乘积。

表 4-4 2012—2020 年长江经济带农业碳排放效率指数及其分解

年份	ML 指数	MLEC 指数	MLTC 指数
2012	1.151 3	0.989 5	1.163 6
2013	1.104 7	0.972 9	1.135 5
2014	1.101 6	1.011 1	1.089 6
2015	1.096 4	0.981 2	1.117 3
2016	1.076 6	0.922 1	1.167 6
2017	1.030 1	0.891 5	1.155 5
2018	1.060 0	0.936 3	1.132 2
2019	1.173 6	1.091 5	1.075 2
2020	1.185 3	1.079 2	1.098 4
均值	1.107 8	0.984 1	1.125 7

从农业碳排放效率分解来看，2012—2020 年长江经济带农业生产环境技术效率指数年均值为 0.984 1，说明 2012—2020 年长江经济带农业生产环境技术效率指数年均增长率为 -1.59%。其中，2019 年农业生产环境技术效率指数值最大，为 1.091 5，其次是 2020 年，为 1.079 2；2017 年农业生产环境技术效率指数值最小，为 0.891 5，其次是 2018 年，为 0.936 3。2012—2020 年长江经济带农业生产环境技术进步指数年均值为 1.125 7，说明长江经济带农业生产环境技术进步指数年均增长率为 12.57%。其中，2016 年农业生产环境技术进步指数值最大，为 1.167 6，其次是 2012 年，为 1.163 6；2019 年农业生产环境技术进步指数值最小，为 1.075 2，其次是 2014 年，为 1.089 6。

从时序演变趋势来看，2012—2020 年长江经济带农业碳排放效率指数呈先持续下降再持续上升态势，其分解的农业生产环境技术效率指数呈先波动上升再持续下降后波动上升态势，而其分解的农业生产环境技术进步指数呈先持续下降再持续上升后波动下降态势。从其分解的农业生产环境技术效率指数和农业生产环境技术进步指数变动趋势来看，除 2013 年外，两者变化步调呈反方向趋势。从长江经济带农业碳排放效率变化走势与其分解的农业生产环境技术效率指数、农业生产环境技术进步指数变化走势来看，其变化步调与其农业生产技术效率指数变化步调一致（2014 年、2020 年除外），但其农业碳排放效率指数的变化相对平稳，进一步说明

2012—2020 年期间，长江经济带农业生产环境技术效率指数和农业技术环境进步指数共同决定农业碳排放效率指数，即在此期间长江经济带农业碳排放效率指数由农业生产环境技术效率指数和农业生产环境技术进步指数"双轨驱动"（图 4-2）。

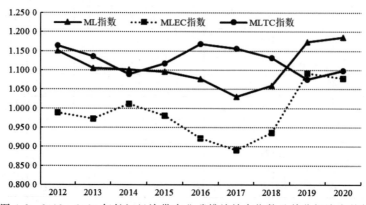

图 4-2　2012—2020 年长江经济带农业碳排放效率指数及其分解演变趋势

由公式（4.15）可知，农业生产环境技术效率指数定义可知，长江经济带 110 个地级（直辖）市农业生产环境技术效率指数是由第 t 年的效率值 E_t 指数和第 $t+1$ 年的效率值 E_{t+1} 指数共同决定的（表 4-5）。这进一步说明农业生产环境技术效率指数测度的是时期 t 到时期 $t+1$ 的决策单元向生产前沿面的最大可能逼近程度，反映了技术落后者追赶先进者的速度，也称"追赶效应"。

表 4-5　2012—2020 年长江经济带农业生产环境技术效率指数及其分解

年份	E_{t+1} 指数	E_t 指数	MLEC 指数
2012	0.400 4	0.404 7	0.989 5
2013	0.389 5	0.400 4	0.972 9
2014	0.393 8	0.389 5	1.011 1
2015	0.386 4	0.393 8	0.981 2
2016	0.356 3	0.386 4	0.922 1
2017	0.317 7	0.356 3	0.891 5
2018	0.297 4	0.317 7	0.936 3
2019	0.324 6	0.297 4	1.091 5
2020	0.350 3	0.324 6	1.079 2
均值	0.355 6	0.361 3	0.984 1

由图4-3可知，2012—2020年长江经济带农业生产环境技术效率指数变化情况大致分三个阶段：第一阶段（2012—2013年），此时第 t 年的效率值要高于第 $t+1$ 年的效率值，表现为农业生产环境技术效率指数低于1.000 0；第二阶段（2014—2015年），则表现为农业生产环境技术效率指数大于1.000 0；第三阶段（2016—2020年），除2020年外，其余各年农业生产环境技术效率指数均小于1.000 0。从其走势来看，其间农业生产环境技术效率指数持续上升。

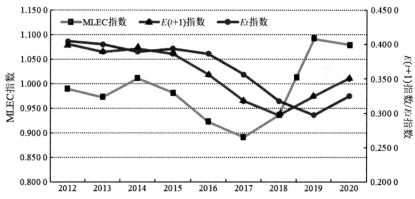

图4-3 2012—2020年长江经济带农业生产环境技术效率指数及其分解演变趋势

由农业生产环境技术进步指数分解可知，农业生产环境技术进步指数由农业生产环境中性技术进步指数、环境投入偏向型技术进步指数、环境产出偏向型技术进步指数共同决定的。2012—2020年长江经济带农业生产环境中性技术进步指数年均值为1.147 9，说明2012—2020年长江经济带农业生产环境中性技术进步指数年均增长率为14.79%。其中，2012年农业生产环境中性技术进步指数值最大，为1.194 3，其次是2016年，为1.194 1；2019年农业生产环境中性技术进步指数值最小，为1.094 3，其次是2014年，为1.108 4。2012—2020年长江经济带农业生产环境投入偏向型技术进步指数年均值为0.993 7，说明长江经济带农业生产环境投入偏向型技术进步指数年均增长率为−0.63%。其中，2014年农业生产环境投入偏向型技术进步指数值最大，为0.997 2，其次是2012年，为0.996 5；2016年农业生产环境投入偏向型技术进步指数值最小，为0.990 0，其次是2017年，为0.990 3。2012—2020年长江经济带农业生产环境产出偏向型技术进步指数年均值为0.986 8，说明长江经济带农业生产环境产出偏向型技术进步指数年均增长率为−2.32%。其中，2015年农业生产环境产出偏向型技术进步指数值最大，为

0.991 6，其次是 2018 年，为 0.991 2；2012 年农业生产环境产出偏向型技术进步指数值均最小，为 0.977 7，其次是 2014 年和 2017 年，为 0.985 9。

表 4-6   2012—2020 年长江经济带农业生产环境技术进步指数及其分解

年份	MLTC 指数	MLOBTC 指数	MLIBTC 指数	MLMATC 指数
2012	1.163 6	0.977 7	0.996 5	1.194 3
2013	1.135 5	0.986 0	0.992 5	1.160 4
2014	1.089 6	0.985 9	0.997 2	1.108 4
2015	1.117 3	0.991 6	0.993 2	1.134 6
2016	1.167 6	0.987 7	0.990 0	1.194 1
2017	1.155 5	0.985 9	0.990 3	1.183 5
2018	1.132 2	0.991 2	0.994 1	1.149 0
2019	1.075 2	0.987 9	0.994 5	1.094 3
2020	1.098 4	0.987 7	0.995 2	1.117 5
均值	1.125 7	0.986 8	0.993 7	1.147 9

图 4-4 显示了长江经济带农业生产环境技术进步指数变化趋势，由其演变情况可以看出，农业生产环境技术进步指数主要是由农业生产环境中性技术进步指数决定的，年均值为 1.125 7，而农业生产环境投入偏向型技术进步指数、农业生产环境投入偏向型技术进步指数变化缓慢，且年均值分别为 0.993 7、0.986 8，表明产出、投入偏离度小，长江经济带农业生产环境技术进步指数主要由农业生产环境中性技术进步指数决定的。

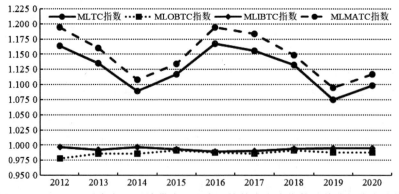

图 4-4   2012—2020 年长江经济带农业生产环境技术进步指数及其分解演变趋势

综上所述，在考虑农业碳排放量条件下，长江经济带农业生产环境技术效率指数提高的关键是要注重规模化生产、机械化生产方式、生产要素优化配置等。这对提高农业碳排放效率具有重要推动作用。农业生产环境技术进步指数主要通过农业生产环境中性技术进步指数变动来引起农业碳排放效率变化，农业生产环境投入偏向型技术进步指数、农业生产环境投入偏向型技术进步指数变化缓慢，相对稳定。说明长江经济带农业生产要素禀赋与当前技术实现较好耦合，按照当前生产要素比例可以有效提高农业碳排放效率，同时由于农业生产环境投入偏向型技术进步指数、农业生产环境投入偏向型技术进步指数均在 1.000 0 附近做小幅波动，说明提倡农业适度规模生产、实施要素替代来调整农业生产投入要素比例，来提高长江经济带农业碳排放效率不显著。

4.3.2　基于空间维度的农业碳排放效率分析

本研究采用超效率 SBM 模型不仅能够测算各个决策单元农业生产环境技术效率，还可以得出各决策单元与最优决策单元相比较的农业产出不足率、各投入要素冗余率和农业碳排放冗余率。

由超效率 SBM 模型可知，当农业生产环境技术效率（MLEC）等于 1 时，说明农业生产环境技术效率值达到最大，此时松弛变量 $S_i^- = S_r^+ = S_t^- = 0$，即农业生产过程中不存在各投入要素和农业碳排放量的过剩以及农业产值不足的情况；当农业生产环境技术效率（MLEC）小于 1 时，说明农业生产环境技术效率还有上升空间，通过计算农业生产过程中各决策单元投入要素和农业碳排放量的冗余率以及农业产值的不足率，可以得出农业生产环境技术效率改进的方向。在此基础上，本研究将 2012—2020 年长江经济带各地级（直辖）市投入变量的松弛变量 S_i^- 除以对应的投入变量值得到投入变量冗余率。同样，各地级（直辖）市产出的松弛变量 S_r^+ 除以对应的产出量得农业产出的不足率，各地级（直辖）市农业碳排放量的松弛变量 S_t^- 除以对应的农业碳排放量值得到农业碳排放量冗余率，计算结果如表4-6所示。

第一，从生产过程来看，长江经济带农业碳排放效率的原因主要是由农业产值（期望产出）、要素投入、农业碳排放量（非期望产出）三方面共同决定的。具体而言，长江经济带各地级（直辖）市农业产值存在不足，同时投入要素以及农业碳排放量等要素均存在严重冗余。资源过度消耗以及不合理配，化肥、农药、农膜等过度使用带来的环境污染排放问题是目前长江经济带农业碳排放效率水平不高的主要原因。

第二，从长江经济带整体来看，导致农业碳排放效率缺乏效率的因素排前三的分别为劳动力投入、土地投入、化肥投入。其中，劳动力投入是导致长江经济带农业碳排放效率缺乏效率的最重要因素，说明长江经济带农村存在大量剩余劳动力，因此，进一步加大长江经济带农村劳动力转移力度，适当减少劳动力投入有助于农业碳排放效率的提高。土地投入是导致长江经济带农业碳排放效率的第二大影响因素，耕地细碎化以及耕地地形地貌差异阻碍农业机械化耕作，从而使得农机作业不统一，内部竞争无序等问题，阻碍农业碳排放效率水平的提高。化肥投入是导致长江经济带农业碳排放效率缺乏效率的第三大影响因素，在耕地资源相对不足的条件下，农业产值的增长依赖于单产提高，化肥投入对单产提高具有重要作用，但过度使用化肥不仅浪费资源、带来环境污染问题，还会降低农业单产，导致农业碳排放效率下降。

第三，从各地级（直辖）市来看，劳动力投入对武汉市、黄冈市和遵义市等地级市农业碳排放效率缺乏效率的主要原因之一，说明武汉市、黄冈市和遵义市农村劳动力相对过剩，不利于农业投入要素合理利用，大量劳动力资源闲置等阻碍农业碳排放效率水平的提高。土地投入、化肥投入、农药投入、农膜投入是影响徐州市、铜陵市、郴州市等地级市农业碳排放效率缺乏效率的主要原因。随着农业机械补贴政策的实施，在充足资金的条件下，淮北市、亳州市、保山市等地级市的农业机械拥有量逐年增加，从计算结果来看，过量农业机械投入是导致淮北市、亳州市、保山市等地级市农业碳排放效率缺乏效率的重要原因。徐州市、淮南市、丽江市等地区丰厚水资源最丰富的地区之一，但水资源利用不合理，抑制了农业碳排放效率的提高。舟山市、鄂州市等地级市农业产值不足，是降低该地级市农业碳排放效率水平的原因之一。泰州市、巴中市、临沧市等地级市农业碳排放较高，主要是由于化肥投入、农药、地膜等过量使用，一方面产生大量农业碳排放，另一方面，产生难以分解的化学污染改变土壤理化性质，不利于农业生产，是该地级市农业碳排放效率的重要原因。通过分析长江经济带各地级（直辖）市农业碳排放效率缺乏效率的关键因素，从而为提高长江经济带各地级（直辖）市农业碳排放效率提供有针对性的对策建议。

表 4-7　长江经济带各地级（直辖）市农业生产投入和产出可改进程度

地区	投入冗余率/%							产出冗余率/%	
	Labor	Land	Fertilizer	Pesticide	Farm Film	Machine	Water	Y	Ace
上海市	−0.404 3	−0.313 8	−0.360 4	−0.331 0	−0.513 3	−0.037 3	−0.346 9	0.000 0	−0.454 1
南京市	0.000 0	0.000 0	0.000 0	0.372 8	0.000 0	0.000 0	0.000 0	0.000 0	0.000 0
无锡市	−0.207 8	−0.180 2	−0.369 3	−0.368 5	−0.306 2	−0.129 0	−0.360 3	0.000 0	−0.334 1
徐州市	−0.838 2	−0.948 0	−0.858 0	−0.874 8	−0.921 2	−0.625 1	−0.921 1	0.000 0	−0.148 4
常州市	−0.506 5	−0.292 0	−0.420 3	−0.475 0	−0.292 0	−0.419 4	−0.292 0	0.000 0	−0.403 0
苏州市	−0.096 0	−0.121 4	−0.275 6	−0.342 8	−0.123 3	−0.120 4	−0.312 1	0.000 0	−0.250 2
南通市	−0.588 9	−0.549 8	−0.598 2	−0.506 1	−0.549 8	−0.369 5	−0.549 8	0.000 0	−0.5915
连云港市	−0.616 3	−0.517 9	−0.782 0	−0.471 8	−0.517 9	−0.640 9	−0.517 9	0.000 0	−0.702 8
淮安市	−0.603 5	−0.804 9	−0.797 1	−0.485 5	−0.372 5	−0.636 9	−0.573 9	0.000 0	−0.713 9
盐城市	−0.466 6	−0.577 1	−0.725 3	−0.513 2	−0.697 0	−0.394 2	−0.577 1	0.000 0	−0.000 3
宿迁市	−0.697 0	−0.616 8	−0.815 2	−0.538 1	−0.615 6	−0.650 1	−0.615 1	0.000 0	−0.6686
泰州市	−0.802 4	−0.784 2	−0.821 7	−0.745 3	−0.784 2	−0.698 5	−0.766 0	0.000 0	−0.799 3
镇江市	0.000 0	0.000 0	−0.034 3	0.000 0	0.000 0	0.000 0	−0.018 9	0.275 0	0.000 0
扬州市	−0.426 3	−0.497 9	−0.685 5	−0.449 5	−0.497 9	−0.367 4	−0.510 6	0.000 0	−0.622 6
杭州市	−0.623 1	−0.220 2	−0.385 2	−0.609 0	−0.622 1	−0.421 8	−0.184 4	0.000 0	−0.448 7
宁波市	−0.000 8	−0.059 4	−0.098 9	−0.487 5	−0.682 0	−0.394 1	−0.265 7	0.000 0	−0.592 5
温州市	−0.826 3	−0.598 2	−0.611 8	−0.707 8	−0.628 5	−0.564 0	−0.580 2	0.000 0	−0.572 5
嘉兴市	−0.588 8	−0.542 3	−0.702 7	−0.766 9	−0.691 1	−0.424 0	−0.650 5	0.000 0	−0.676 4
舟山市	0.000 0	0.000 0	0.000 0	0.000 0	0.000 0	0.000 0	0.000 0	0.850 9	0.000 0

续表

地区	投入冗余率/%							产出冗余率/%	
	Labor	Land	Fertilizer	Pesticide	Farm Film	Machine	Water	Y	Ace
衢州市	-0.847 3	-0.625 6	-0.717 3	-0.806 9	-0.510 7	-0.667 0	-0.591 8	0.000 0	-0.693 1
金华市	-0.814 0	-0.418 5	-0.700 9	-0.766 9	-0.714 3	-0.657 3	-0.586 6	0.000 0	-0.690 1
绍兴市	-0.645 1	-0.395 4	-0.581 3	-0.671 3	-0.460 3	-0.504 1	-0.440 1	0.000 0	-0.530 1
湖州市	-0.476 0	-0.282 0	-0.348 8	-0.706 9	-0.640 5	-0.499 8	-0.516 3	0.000 0	-0.526 5
台州市	-0.683 0	-0.131 8	-0.311 7	-0.366 3	-0.688 9	-0.436 8	-0.167 5	0.000 0	-0.589 7
丽水市	-0.853 3	-0.520 6	-0.689 3	-0.699 2	-0.754 5	-0.529 5	-0.576 8	0.000 0	-0.670 3
合肥市	-0.688 1	-0.651 7	-0.780 3	-0.426 7	-0.712 3	-0.610 4	-0.684 6	0.000 0	-0.725 6
芜湖市	-0.722 8	-0.626 1	-0.801 1	-0.490 3	-0.163 4	-0.599 6	-0.633 6	0.000 0	-0.703 4
蚌埠市	-0.827 9	-0.777 1	-0.843 5	-0.705 3	-0.769 5	-0.747 8	-0.670 2	0.000 0	-0.563 6
淮南市	-0.816 7	-0.956 8	-0.845 8	-0.954 5	-0.835 4	-0.690 5	-0.935 4	0.000 0	-0.074 1
马鞍山市	-0.792 5	-0.658 4	-0.764 2	-0.749 5	-0.609 1	-0.633 6	-0.703 2	0.000 0	-0.712 5
淮北市	-0.861 1	-0.886 3	-0.822 0	-0.835 3	-0.642 1	-0.807 4	-0.876 9	0.000 0	-0.157 6
铜陵市	-0.893 9	-0.959 3	-0.756 8	-0.917 2	-0.862 0	-0.542 9	-0.486 5	0.000 0	-0.677 0
安庆市	-0.858 0	-0.700 9	-0.769 5	-0.781 7	-0.394 0	-0.567 6	-0.615 2	0.000 0	-0.720 4
黄山市	-0.846 6	-0.557 4	-0.654 1	-0.805 4	-0.607 3	-0.561 9	-0.455 5	0.000 0	-0.648 4
滁州市	-0.804 1	-0.793 8	-0.839 7	-0.613 8	-0.309 4	-0.770 3	-0.779 2	0.000 0	-0.580 3
阜阳市	-0.863 5	-0.730 2	-0.793 3	-0.505 4	-0.748 2	-0.730 7	-0.600 5	0.000 0	-0.735 7
宿州市	-0.821 6	-0.753 1	-0.795 1	-0.868 1	-0.755 4	-0.766 0	-0.676 2	0.000 0	-0.712 1
六安市	-0.873 4	-0.735 8	-0.785 2	-0.414 8	-0.407 7	-0.782 0	-0.753 6	0.000 0	-0.696 8

续表

地区	投入冗余率/%							产出冗余率/%	
	Labor	Land	Fertilizer	Pesticide	Farm Film	Machine	Water	Y	Ace
亳州市	-0.855 9	-0.826 9	-0.823 1	-0.717 5	-0.596 2	-0.814 0	-0.690 7	0.000 0	-0.557 0
池州市	-0.385 6	-0.105 9	-0.023 8	-0.184 0	-0.089 6	-0.141 2	-0.207 0	0.000 0	0.000 0
宣城市	-0.824 1	-0.624 3	-0.763 1	-0.631 4	-0.424 3	-0.684 3	-0.644 5	0.000 0	-0.672 4
南昌市	-0.718 7	-0.725 7	-0.683 2	-0.670 0	0.000 0	-0.437 9	-0.602 8	0.000 0	-0.233 5
景德镇市	-0.823 2	-0.685 6	-0.650 0	-0.623 9	-0.499 5	-0.500 5	-0.492 8	0.000 0	-0.603 8
萍乡市	-0.796 0	-0.666 9	-0.640 5	-0.715 6	-0.068 6	-0.527 9	-0.340 5	0.000 0	-0.501 1
九江市	-0.842 0	-0.731 9	-0.752 9	-0.822 7	-0.415 0	-0.502 3	-0.603 5	0.000 0	-0.719 4
新余市	-0.775 4	-0.616 0	-0.636 7	-0.673 5	-0.226 1	-0.394 0	-0.462 9	0.000 0	-0.560 8
鹰潭市	-0.812 9	-0.708 3	-0.636 4	-0.656 4	-0.626 1	-0.620 5	-0.542 5	0.000 0	-0.626 1
赣州市	-0.841 1	-0.643 6	-0.683 3	-0.752 3	-0.673 0	-0.354 5	-0.474 9	0.000 0	-0.666 7
吉安市	-0.820 7	-0.782 4	-0.720 3	-0.792 1	-0.507 7	-0.489 1	-0.631 3	0.000 0	-0.704 5
宜春市	-0.788 7	-0.743 9	-0.710 6	-0.747 3	-0.593 8	-0.487 4	-0.582 7	0.000 0	-0.683 6
抚州市	-0.795 2	-0.700 1	-0.752 2	-0.842 0	-0.591 8	-0.463 6	-0.590 2	0.000 0	-0.727 1
上饶市	-0.835 1	-0.741 7	-0.653 4	-0.918 1	-0.443 1	-0.434 4	-0.618 4	0.000 0	-0.692 7
武汉市	-1.820 4	-0.279 3	-0.184 3	-0.179 1	-0.243 9	-0.132 7	-0.025 7	0.013 4	-0.174 7
黄石市	0.000 0	0.000 0	0.434 2	0.000 0	0.000 0	0.000 0	0.027 9	0.000 0	0.000 0
十堰市	-0.328 5	-0.269 9	-0.230 7	-0.135 3	-0.175 6	-0.143 8	-0.156 1	0.000 0	-0.101 0
宜昌市	-0.646 5	-0.327 9	-0.344 9	-0.415 0	-0.275 5	-0.170 6	-0.017 5	0.000 0	-0.292 1
襄阳市	-0.553 1	-0.328 1	-0.125 8	-0.363 5	-0.308 9	-0.347 8	-0.116 0	0.000 0	-0.213 0

续表

地区	投入冗余率/%							产出冗余率/%	
	Labor	Land	Fertilizer	Pesticide	Farm Film	Machine	Water	Y	Ace
鄂州市	-0.0372	0.0000	0.0000	-0.0091	-0.0463	0.0000	0.0000	0.6696	0.0000
荆门市	0.0000	0.0000	0.0000	0.0000	0.0000	0.0000	-0.3717	0.0765	0.0000
孝感市	-0.1682	-0.1094	0.0114	-0.0205	-0.1030	-0.0044	-0.1840	0.0852	-0.0124
荆州市	0.0000	0.0000	0.0552	0.0000	-0.5423	0.0000	0.0000	0.0000	0.0000
黄冈市	-1.2226	-1.1487	-0.0550	-0.5516	-0.6052	-0.2770	-0.4765	0.0000	-0.2245
咸宁市	-0.0569	-0.0625	-0.0561	0.0000	-0.2268	-0.0295	-0.0200	0.0000	0.0000
随州市	-0.2743	-0.2928	-0.0962	-0.3454	-0.4587	-0.3243	-0.3486	0.0000	-0.2168
长沙市	-0.7887	-0.5539	-0.5932	-0.6305	-0.3917	-0.6759	-0.3365	0.0000	-0.5490
株洲市	-0.8575	-0.6441	-0.6159	-0.7480	-0.0580	-0.6806	-0.5518	0.0000	-0.3501
湘潭市	-0.7317	-0.4546	-0.5127	-0.6512	-0.0054	-0.5950	-0.5425	0.0000	-0.2640
衡阳市	-0.8606	-0.6316	-0.6060	-0.7881	-0.5726	-0.5759	-0.3624	0.0000	-0.5887
邵阳市	-0.8656	-0.6193	-0.4264	-0.6278	0.0000	-0.5033	-0.5768	0.0000	-0.0864
岳阳市	-0.8182	-0.6651	-0.6542	-0.8034	-0.7978	-0.6833	-0.5266	0.0000	-0.6839
常德市	-0.7834	-0.7307	-0.6609	-0.5702	-0.0176	-0.5492	-0.6483	0.0000	-0.3653
张家界市	-0.9224	-0.7853	-0.7518	-0.7787	-0.6802	-0.7074	-0.5224	0.0000	-0.7191
益阳市	-0.8453	-0.6941	-0.7030	-0.7284	-0.4009	-0.7081	-0.4876	0.0000	-0.6569
郴州市	-0.8866	-0.9419	-0.8740	-0.8854	-0.9223	-0.5025	-0.8696	0.0000	-0.0362
永州市	-0.8428	-0.6590	-0.6399	-0.6337	-0.2480	-0.6575	-0.4345	0.0000	-0.5491
怀化市	-0.9028	-0.6904	-0.5788	-0.8047	-0.2915	-0.7037	-0.5309	0.0000	-0.5815

续表

地区	投入冗余率/%							产出冗余率/%	
	Labor	Land	Fertilizer	Pesticide	Farm Film	Machine	Water	Y	Ace
娄底市	-0.379 0	-0.268 5	-0.270 0	-0.260 1	-0.058 5	-0.301 9	-0.150 3	0.000 0	-0.236 0
重庆市	-0.775 9	-0.708 3	-0.750 5	-0.394 1	-0.655 3	-0.502 2	-0.243 0	0.000 0	-0.684 1
成都市	-0.521 9	-0.306 2	-0.272 6	-0.036 5	-0.337 0	-0.142 9	-0.211 3	0.000 0	-0.233 8
自贡市	-0.736 2	-0.574 5	-0.608 2	-0.444 9	-0.522 1	-0.212 4	-0.263 6	0.000 0	-0.544 9
攀枝花市	-0.806 2	-0.469 2	-0.661 7	-0.642 7	-0.816 6	-0.623 8	-0.455 7	0.000 0	-0.691 0
泸州市	-0.845 2	-0.698 3	-0.637 0	-0.283 2	-0.494 8	-0.483 7	-0.395 1	0.000 0	-0.548 0
德阳市	-0.737 7	-0.578 2	-0.737 0	-0.187 4	-0.626 0	-0.287 6	-0.284 6	0.000 0	-0.631 6
绵阳市	-0.738 2	-0.619 4	-0.711 6	-0.433 5	-0.574 4	-0.453 7	-0.381 6	0.000 0	-0.623 6
广元市	-0.846 0	-0.767 2	-0.750 6	-0.465 8	-0.683 3	-0.718 5	-0.323 0	0.000 0	-0.723 8
遂宁市	-0.713 3	-0.587 2	-0.672 2	-0.279 4	-0.533 7	-0.170 7	-0.342 1	0.000 0	-0.591 6
内江市	-0.668 5	-0.600 3	-0.633 7	-0.230 5	-0.535 6	-0.254 6	-0.231 0	0.000 0	-0.546 1
乐山市	-0.785 3	-0.536 6	-0.587 9	-0.145 1	-0.455 4	-0.545 3	-0.348 7	0.000 0	-0.489 3
南充市	-0.800 8	-0.644 9	-0.663 5	-0.310 9	-0.586 9	-0.221 3	-0.201 1	0.000 0	-0.586 7
眉山市	-0.825 1	-0.532 3	-0.728 5	-0.600 6	-0.455 8	-0.527 1	-0.512 2	0.000 0	-0.633 3
宜宾市	-0.852 9	-0.622 7	-0.415 4	-0.267 2	-0.561 2	-0.394 4	-0.335 2	0.000 0	-0.437 7
广安市	-0.853 7	-0.616 8	-0.642 3	-0.256 2	-0.554 6	-0.497 2	-0.144 1	0.000 0	-0.522 6
达州市	-0.835 9	-0.670 6	-0.694 1	-0.363 5	-0.617 2	-0.265 5	-0.142 3	0.000 0	-0.602 1
雅安市	-0.263 1	-0.050 1	-0.332 4	0.089 0	-0.042 2	-0.340 8	-0.021 0	0.000 0	-0.187 2
巴中市	-0.884 8	-0.812 9	-0.832 0	-0.636 0	-0.782 3	-0.637 1	-0.435 6	0.000 0	-0.788 7

续表

地区	投入冗余率/%							产出冗余率/%	
	Labor	Land	Fertilizer	Pesticide	Farm Film	Machine	Water	Y	Ace
资阳市	−0.863 1	−0.734 9	−0.509 9	−0.493 0	−0.692 1	−0.526 6	−0.486 3	0.000 0	−0.577 6
贵阳市	−0.105 2	−0.092 5	−0.061 9	−0.318 0	−0.059 0	−0.024 1	−0.042 8	0.113 1	−0.005 4
六盘水市	−0.735 4	−0.527 9	−0.548 5	0.000 0	−0.396 1	−0.477 7	−0.247 2	0.000 0	−0.299 9
遵义市	−2.232 8	−0.709 4	−0.551 0	0.000 0	−0.558 6	−0.381 1	−0.395 9	0.000 0	−0.430 2
安顺市	−0.623 4	−0.418 4	−0.395 9	0.000 0	−0.277 2	−0.352 8	−0.144 1	0.000 0	−0.298 2
毕节市	−0.804 0	−0.688 2	−0.582 8	0.000 0	−0.536 2	−0.375 6	−0.378 5	0.000 0	−0.480 6
铜仁市	−0.552 9	−0.466 1	−0.349 8	−0.007 8	−0.347 3	−0.316 0	−0.204 0	0.000 0	−0.286 5
昆明市	−0.893 8	−0.573 8	−0.754 3	−0.522 1	−0.789 5	−0.593 6	−0.212 5	0.000 0	−0.715 3
曲靖市	−0.891 9	−0.724 7	−0.786 5	−0.400 5	−0.800 4	−0.327 2	−0.146 0	0.000 0	−0.751 4
玉溪市	−0.973 0	−0.553 6	−0.656 9	−0.710 4	−0.788 3	−0.665 7	−0.094 1	0.000 0	−0.669 3
保山市	−0.895 7	−0.672 3	−0.726 9	−0.674 2	−0.667 7	−0.920 1	−0.588 4	0.000 0	−0.695 5
昭通市	−0.996 0	−0.845 5	−0.773 6	−0.090 0	−0.743 7	−1.011 1	−0.546 2	0.000 0	−0.586 2
丽江市	−0.918 2	−0.771 1	−0.865 6	−0.646 3	−0.801 1	−0.645 1	−0.921 3	0.000 0	−0.738 8
普洱市	−0.890 9	−0.731 6	−0.618 1	−0.627 7	−0.541 1	−0.586 1	−0.587 4	0.000 0	−0.635 1
临沧市	−0.884 4	−0.717 4	−0.837 2	−0.363 7	−0.415 1	−0.488 7	−0.530 8	0.000 0	−0.759 8
长江经济带	−0.695 8	−0.544 3	−0.553 6	−0.486 8	−0.471 2	−0.455 4	−0.421 4	0.018 9	−0.474 8

注：Ace 表示 Agricultural carbon emissions。

在表 4-6 的基础上，总结长江经济带各地级（直辖）市投入要素冗余度以及产出要素不足排名情况（表 4-7、表 4-8），发现长江经济带各地级（直辖）市存在不同的要素改善需要。

（1）劳动力投入。总的来说，长江经济带劳动力投入冗余率最高，具有很大改善空间。尤其是遵义市、武汉市、黄冈市、昭通市、玉溪市等地区劳动力投入冗余率排名前五，具有很大的改进潜力。

（2）土地投入。2023 年"中央一号"文件指出，要严格耕地占补平衡管理，实行部门联合开展补充耕地验收评定和"市县审核、省级复核、社会监督"机制，确保补充的耕地数量相等、质量相当、产能不降。严格控制耕地转为其他农用地。探索建立耕地种植用途管控机制，明确利用优先序，加强动态监测，有序开展试点。加大撂荒耕地利用力度。加强高标准农田建设，并逐步把永久基本农田全部建成高标准农田的实施方案，说明土地投入是农业生产前提和保障。黄冈市、铜陵市、淮南市、徐州市、郴州市等地区土地投入冗余排名前五，应改善这类地区的土地利用效率，选择土地集约节约型发展道路是提高农业碳排放效率的重要途径。

（3）化肥投入。化肥投入是农业生产基本投入要素。然而过量的化肥投入，也会导致农业碳排放效率的缺乏效率。化肥冗余排名前五位分别为郴州、丽江市、徐州市、淮南市、蚌埠市等。因此，应降低化肥投入，提高化肥利用率达到提高这些地区农业碳排放效率水平。

（4）农药投入。农药投入主要用来防治危害农林牧业生产的有害生物（害虫、害螨、线虫、病原菌、杂草及鼠类）和调节植物生长的化学药品，但农药使用不当或者过量，可以污染土壤、水资源，部分农药残留在农作物上破坏农业生态系统。农药冗余排名前五位分别为淮南市、上饶市、铜陵市、郴州市、徐州市等。因此，应科学、合理使用农药，降低农药带来的负外部性，提高农业碳排放效率水平。

（5）农膜投入。地膜覆盖在农业生产中是一项至关重要的农艺措施，在调节地温、保水保肥方面发挥了突出作用，大大延长了农作物栽培期，节约了农业用水，提高了抵抗农业灾害的能力，保证了农作物增产稳产。然而过量的农膜投入，也会导致农业碳排放效率的缺乏效率。农膜冗余排名前五位分别为郴州市、徐州市、铜陵市、淮南市、攀枝花市等。因此，应降低农膜投入，对提高农业碳排放效率水平具有推动作用。

（6）农业机械投入。农业机械投入冗余率相对较高，主要是缺乏农业机械适用的环境，易造成投入过度（单玉红等，2017）。昭通市、保山市、亳州市、淮北市、六安市等排名前五，应改善这类地区的农业机械利用强度，提高农业碳排放效率水平。

（7）水资源投入。水资源是农业生产过程中必需的基础资源。长江经济带水资源丰富，水运便利，几乎所有的地级（直辖）市都存在水资源投入冗余。水资源冗余排名前五位分别为淮南市、丽江市、徐州市、淮北市、郴州市等。应通过发展节水型农业技术，促进农业水资源高效利用，提高农业碳排放效率。

（8）农业碳排放量。农业碳排放量对农业碳排放效率有着重要影响。其中农业碳排放量对泰州市、巴中市、临沧市、曲靖市、丽江市等各地级市农业碳排放效率影响较大。因此，应减少这些地区的农业碳排放量，提高其农业碳排放效率。

（9）农业产值。所有地级（直辖）市农业生产均存在产出不足的问题，尤其是上海市、南京市、无锡市、徐州市、常州市、临沧市、黄石市、荆门市、孝感市、贵阳市等107个地级（直辖）市，其农业产值不足不利于农业碳排放效率的提高。因此，应提高长江经济带各地市农业产出水平，从而提高农业碳排放效率。

表4-8　各要素在长江经济带各地级（直辖）市的冗余率排名情况

地区	投入-产出要素								
	Labor	Land	Fertilizer	Pesticide	Farm Film	Machine	Water	Y	Ace
上海市	92	86	85	81	58	100	70	1	71
南京市	105	104	104	73	104	104	107	1	102
无锡市	98	95	84	74	82	98	67	1	78
徐州市	37	4	3	5	2	30	3	1	94
常州市	88	89	80	62	83	69	77	1	75
苏州市	101	97	91	80	93	99	76	1	84
南通市	83	70	69	56	50	76	37	1	48
连云港市	81	76	19	63	57	26	45	1	19
淮安市	82	10	14	61	77	28	35	1	14
盐城市	90	64	35	55	20	71	32	1	101
宿迁市	73	58	12	53	37	24	21	1	34
泰州市	54	13	11	24	11	14	7	1	1

续表

地区	投入-产出要素								
	Labor	Land	Fertilizer	Pesticide	Farm Film	Machine	Water	Y	Ace
镇江市	105	104	102	100	104	104	105	6	102
扬州市	91	77	45	65	62	77	48	1	43
杭州市	80	94	83	49	35	68	89	1	72
宁波市	104	102	97	60	25	72	79	1	46
温州市	41	61	66	29	32	40	31	1	56
嘉兴市	84	71	41	19	22	67	14	1	30
舟山市	105	104	104	100	104	104	107	8	102
衢州市	29	52	37	10	59	20	25	1	22
金华市	49	81	42	18	18	23	29	1	25
绍兴市	78	83	73	35	64	49	58	1	65
湖州市	89	90	87	30	31	55	46	1	66
台州市	75	96	90	75	23	65	91	1	49
丽水市	27	75	44	32	15	45	34	1	32
合肥市	74	46	20	68	19	33	11	1	8
芜湖市	70	51	13	59	92	34	17	1	18
蚌埠市	40	15	5	31	13	8	13	1	57
淮南市	48	3	4	1	4	15	1	1	97
马鞍山市	58	45	23	21	38	29	9	1	15
淮北市	21	6	10	8	30	4	4	1	93
铜陵市	10	2	25	3	3	44	51	1	29
安庆市	23	33	22	16	75	39	20	1	10
黄山市	30	67	54	11	39	41	57	1	37
滁州市	52	11	6	48	80	6	6	1	54
阜阳市	19	26	16	57	16	9	24	1	6
宿州市	45	18	15	6	14	7	12	1	16
六安市	17	21	18	70	72	5	8	1	20
亳州市	25	8	9	26	41	3	10	1	59

续表

地区	投入-产出要素								
	Labor	Land	Fertilizer	Pesticide	Farm Film	Machine	Water	Y	Ace
池州市	93	99	103	91	95	96	86	1	102
宣城市	43	53	24	43	69	16	16	1	31
南昌市	71	27	47	36	104	64	23	1	87
景德镇市	44	39	56	47	61	54	49	1	44
萍乡市	56	42	58	27	96	46	72	1	68
九江市	35	23	27	9	71	52	22	1	11
新余市	64	59	61	34	90	73	55	1	58
鹰潭市	50	32	62	37	33	32	40	1	41
赣州市	36	49	46	20	27	78	54	1	35
吉安市	46	14	36	14	60	57	18	1	17
宜春市	59	19	39	23	42	59	30	1	28
抚州市	57	34	28	7	43	62	26	1	7
上饶市	39	20	55	2	68	66	19	1	23
武汉市	2	91	95	92	88	97	102	1	92
黄石市	105	104	107	100	104	104	101	2	102
十堰市	95	92	94	94	91	94	92	1	95
宜昌市	77	85	88	69	86	93	106	1	81
襄阳市	85	84	96	78	81	80	98	1	90
鄂州市	103	104	104	98	100	104	107	7	102
荆门市	105	104	104	100	104	104	65	3	102
孝感市	99	98	105	97	94	103	90	4	99
荆州市	105	104	106	100	51	104	107	1	102
黄冈市	3	1	101	52	40	87	53	1	88
咸宁市	102	101	100	100	89	101	104	1	102
随州市	96	88	98	79	65	83	69	1	89
长沙市	60	68	70	44	76	19	73	1	61
株洲市	24	48	65	22	99	18	36	1	77

续表

地区	投入-产出要素								
	Labor	Land	Fertilizer	Pesticide	Farm Film	Machine	Water	Y	Ace
湘潭市	69	80	77	38	103	35	39	1	83
衡阳市	22	50	68	15	46	38	66	1	50
邵阳市	18	56	79	45	104	50	33	1	96
岳阳市	47	43	53	13	8	17	43	1	27
常德市	62	25	51	51	102	42	15	1	76
张家界市	6	12	29	17	26	12	44	1	12
益阳市	32	36	40	25	73	11	50	1	36
郴州市	14	5	1	4	1	51	5	1	98
永州市	34	44	59	42	87	22	60	1	60
怀化市	8	37	74	12	84	13	41	1	53
娄底市	94	93	93	87	98	85	93	1	85
重庆市	63	31	31	72	29	53	82	1	26
成都市	87	87	92	96	79	95	85	1	86
自贡市	67	65	67	66	56	91	80	1	64
攀枝花市	51	78	50	40	5	31	56	1	24
泸州市	33	35	60	84	63	60	62	1	62
德阳市	66	63	32	90	34	86	78	1	40
绵阳市	65	55	38	67	45	63	63	1	42
广元市	31	17	30	64	24	10	75	1	9
遂宁市	72	62	48	85	55	92	71	1	47
内江市	76	60	63	89	54	89	83	1	63
乐山市	61	72	71	93	67	43	68	1	69
南充市	55	47	49	83	44	90	88	1	51
眉山市	42	73	33	50	66	47	47	1	39
宜宾市	28	54	81	86	47	70	74	1	73
广安市	26	57	57	88	49	56	95	1	67
达州市	38	41	43	77	36	88	97	1	45

续表

地区	投入-产出要素								
	Labor	Land	Fertilizer	Pesticide	Farm Film	Machine	Water	Y	Ace
雅安市	97	103	89	101	101	81	103	1	91
巴中市	15	9	8	41	12	27	59	1	2
资阳市	20	22	78	58	21	48	52	1	55
贵阳市	100	100	99	82	97	102	100	5	100
六盘水市	68	74	76	100	74	61	81	1	79
遵义市	1	30	75	100	48	74	61	1	74
安顺市	79	82	82	100	85	79	96	1	80
毕节市	53	38	72	100	53	75	64	1	70
铜仁市	86	79	86	99	78	84	87	1	82
昆明市	11	66	26	54	9	36	84	1	13
曲靖市	12	28	17	71	7	82	94	1	4
玉溪市	5	69	52	28	10	21	99	1	33
保山市	9	40	34	33	28	2	27	1	21
昭通市	4	7	21	95	17	1	38	1	52
丽江市	7	16	2	39	6	25	2	1	5
普洱市	13	24	64	46	52	37	28	1	38
临沧市	16	29	7	76	70	58	42	1	3

4.4 本章小结

传统农业生产效率仅考虑期望产出，追求期望产出最大化，忽视与农业生产密切相关的农业碳排放量对生产效率的影响，从而有可能使得测算的农业生产效率失真。本章在考虑农业碳排放量的前提下，首先通过对农业生产过程需要的化肥、农药、农膜、农业机械、农业灌溉、农业翻耕等投入进行农业碳排放量测度，将其作为农业生产的非期望产出纳入"投入-产出"指标体系中；然后采用超效率 SBM 模型测度考虑环境因素下 2012—2020 年长江经济带农业碳排放效率以及无效率来源。

主要结论如下：

第一，在考虑农业碳排放量因素的情况下，2012—2020 年长江经济带农业碳排放效率年均值为 1.107 8，说明其农业碳排放效率年均增长率为 10.78%。从农业碳排放效率分解来看，长江经济带农业生产环境技术效率指数年均值为 0.984 1，农业生产环境技术进步指数年均值为 1.125 7。

第二，从时序演变趋势来看，2012—2020 年长江经济带农业碳排放效率指数呈先持续下降再持续上升态势，其分解的农业生产环境技术效率指数呈先波动上升再持续下降后波动上升态势，而其分解的农业生产环境技术进步指数呈先持续下降再持续上升后波动下降态势。在此期间，长江经济带农业碳排放效率指数由农业生产环境技术效率指数和农业生产环境技术进步指数"双轨驱动"。

第三，从农业生产过程来看，长江经济带农业碳排放效率的原因主要是由农业产值（期望产出）、要素投入、农业碳排放量（非期望产出）三方面共同决定的。具体而言，长江经济带各地级（直辖）市农业产值存在不足，同时投入要素以及农业碳排放量等要素均存在严重冗余。资源过度消耗以及不合理配，化肥、农药、农膜等过度使用带来的环境污染排放问题是目前长江经济带农业碳排放效率水平不高的主要原因。

第5章　长江经济带农业碳排放效率的收敛性分析

第4章对长江经济带110个地级（直辖）市农业碳排放效率进行了测算和分析，结果表明各城市农业碳排放效率存在差异，那么这种差异会随着时间的推移而逐渐消失吗？本章将借助经济收敛理论和方法回答上述问题，探索长江经济带农业碳排放效率的收敛性。研究结果将有助于推动长江经济带农业低碳发展，同时也为更好地把握长江经济带不同城市农业碳排放效率水平差异演进趋势提供依据，进而为长江经济带农业碳排放效率的提高指明发展路径。

基于此，本章结构安排如下：首先，概述本章收敛研究方法以及农业碳排放效率的收敛分析步骤；其次，分别采用传统收敛分析方法对长江经济带农业碳排放效率进行收敛检验，采用非线性时变因子模型对长江经济带农业碳排放效率进行俱乐部收敛检验，采用面板单位根检验对长江经济带农业碳排放效率进行随机收敛性检验；然后，从增长分布角度探讨长江经济带农业碳排放效率的动态演变情况；最后，对本章研究内容进行总结。

5.1　收敛方法概述与收敛分析步骤

5.1.1　收敛方法概述

目前已有大量学者对收敛理论进行研究，总结出多种收敛检验方法和标准，主要分为以下主要五种类型：绝对收敛、条件收敛、俱乐部收敛、随机收敛以及增长分布动态分析。

1. 传统收敛方法

新古典经济理论中，收敛方法主要包括 δ 收敛、绝对 β 收敛和条件 β 收敛。其中，δ 收敛认为不同经济体收入或生产率等差异随着时间的推移而趋于消失（Sala，1996）；绝对 β 收敛是指不同经济体收入或生产率等增长速度与初始水平呈负向关系，即落后地区经济增长速度比发达地区更快，最终不同经济体收入或生产率等将趋于完全相同的稳态水平；条件 β 收敛是在考虑不同经济体自身初始水平的条件下，各经济体收入或生产率等均在向各自均衡水平移动，最终达到各自稳态水平。因此，δ 收敛是根据不同经济体收入或生产率等标准差变化趋势来判断其收敛性，如果标准差呈逐渐下降趋势，则说明存在 δ 收敛；绝对 β 收敛是假设所有经济体收入或生产率等初始条件相同，最终收敛于同一稳态水平；而条件 β 收敛是假设不同经济体收入或生产率等初始条件不同，最终收敛于各自稳态水平。

2. 俱乐部收敛方法

俱乐部收敛（Club Convergence）是指初始条件相似的不同经济体收入或生产率等将在长期内收敛于相同的稳态水平。说明了落后经济体、发达经济体的收入或生产率等内部趋于收敛，但两者之间的收入或生产率并不存在收敛现象。条件 β 收敛是指单个经济体的收入或生产率收敛于自身的稳态水平，俱乐部收敛是指初始条件相似的一类经济体收入或生产率等收敛于某一稳态水平。

3. 随机收敛分析方法

随机收敛理论认为只要经济体之间的收入或生产率等差异在长期内保持一个相对平稳的随机过程，则存在随机收敛，常用面板单位根检验来判定随机收敛的存在性。随机收敛关注经济体之间的差距是否在长期内能保持较稳定的变化路径，它反映了经济单元之间的长期收敛情况，可以用来检验地区之间农业碳排放效率的差异是否会长期存在。

4. 增长分布动态分析方法

上述阐述的绝对收敛、条件收敛、俱乐部收敛以及随机收敛等收敛类型均采用了回归模型检验经济体收入或生产率等收敛性，不能展示经济系统或个体经济特征的动态分布特征。为了弥补这种缺陷，Quah（1996）提出了增长分布动态分析方法，该方法将整个经济系统按照经济收入或生产率等进行划分后，分析各类经济体概率分布的动态演变特征，并据此检验其收敛性。

5.1.2 农业碳排放效率的收敛分析步骤概述

农业碳排放效率的提升与区域经济发展的软环境息息相关，而区域经济发展的差异使得区域农业碳排放效率产生差异，为摸清这种差异的变化情况，目前大多数学者通过收敛检验分析农业碳排放效率差异情况。

现有农业碳排放效率收敛性研究的文献大多从新古典增长理论出发，对农业碳排放效率进行传统的绝对收敛和条件收敛检验（马林静等，2015；薛思蒙等，2017；何悦等，2019），验证短期内农业碳排放效率差异是否会消失，但传统收敛方法可能将"短期发散、长期收敛"这种情况误判为发散，未能检验农业碳排放效率是否存在长期收敛情况，也未能够刻画出农业碳排放效率差异的分层、极化与动态分布等特征情况。为了较为全面、准确地分析农业碳排放效率的收敛性，在第4章测算出农业碳排放效率的基础上，分别运用δ收敛和β收敛方法、非线性时变因子模型、面板单位根检验方法、核密度函数和马尔可夫链考察长江经济带农业碳排放效率的收敛性。

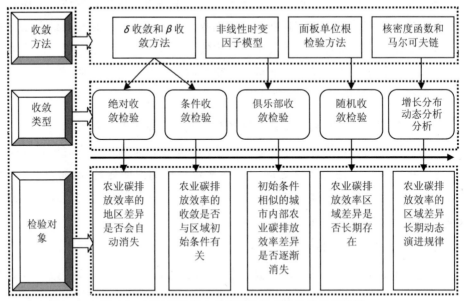

图 5-1　长江经济带农业碳排放效率的收敛分析步骤

基于此，本章农业碳排放效率收敛分析的具体步骤如下：首先，探讨各地级（直辖）市农业碳排放效率的绝对收敛，检验各地级（直辖）市农业碳排放效率差距是否会自动消失；其次，采用 Panel Data 的条件 β 收敛分析方法，检验农业碳排放效率收敛是否与各地级（直辖）市农业生产的初始条件有关；再次，采用非线性时变因子模型对农业碳排放效率进行俱乐部收敛检验，分析初始条件相近的地级（直辖）市内部间农业碳排放效率差异是否会逐渐消失；然后，运用面板单位根检验方法对农业碳排放效率进行检验，分析各地级（直辖）市农业碳排放效率差异是否长期存在；最后，分别采用核密度函数和马尔可夫链方法对农业碳排放效率进行增长分布动态分析，检验农业碳排放效率的长期动态演进态势。

5.2 农业碳排放效率绝对收敛检验

长江经济带农业碳排放效率绝对收敛检验主要考察是不同地级（直辖）市之间农业碳排放效率差异是否随着时间的推移而自动缩小，甚至消失。绝对收敛一般包括 δ 收敛性检验和绝对 β 收敛性检验，前者从研究对象的整体考虑，未考虑不同地区的初始差异，后者则假设不同地区具有相同的初始条件，但两者均认为不同地区最终会收敛于同一稳态水平（孙传旺等，2010；陈恩等，2018；涂蕾，2018）。

5.2.1 δ 收敛性检验

δ 收敛性检验反映的是长江经济带农业碳排放效率差异变化趋势。一般用标准差以及变异系数统计指标分析各个样本部分的离散程度，若其离散程度随着时间推移不断变小，则说明研究区不同样本间存在 δ 收敛；反之，则说明研究区不同样本间存在 δ 发散（朴胜任，2018）。以农业碳排放效率为例，Y_{it} 表示长江经济带 i 市第 t 年的农业碳排放效率值，$\overline{Y_t}$ 表示第 t 年各地级（直辖）市农业碳排放效率平均值，N 表示地级（直辖）市的个数，S_t 表示第 t 年标准差，CV_t 为第 t 年变异系数。那么，长江经济带农业碳排放效率的标准差、变异系数计算公式分别为（Jian et al.，1996；林光平等，2006）：

$$S_t = \sqrt{\frac{1}{N-1}\sum_{i=1}^{N}(Y_{it}-\overline{Y_t})^2} \tag{5.1}$$

$$CV_t = \frac{1}{\overline{Y_t}}\sqrt{\frac{1}{N-1}\sum_{i=1}^{N}(Y_{it}-\overline{Y_t})^2} \tag{5.2}$$

根据第 4 章农业碳排放效率评价结果，分别检验了长江经济带农业碳排放效率的标准差和变异系数的变化趋势，具体见表 5-1 和图 5-2。

表 5-1 2012—2020 年长江经济带农业碳排放效率的标准差和变异系数

年份	标准差	变异系数
2012	0.135 6	0.124 8
2013	0.151 0	0.135 8
2014	0.156 7	0.141 1
2015	0.169 6	0.153 2
2016	0.161 0	0.159 2
2017	0.132 7	0.127 7
2018	0.125 0	0.117 0
2019	0.194 7	0.164 1
2020	0.198 6	0.165 8
均值	0.158 3	0.143 2

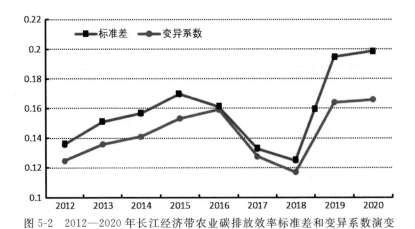

图 5-2 2012—2020 年长江经济带农业碳排放效率标准差和变异系数演变

从标准差来看，2012—2020 年长江经济带农业碳排放效率的标准差年均值为 0.158 3。其中，2020 年农业碳排放效率的标准差最大，为 0.198 6，其次是 2019 年，为 0.194 7；2018 年农业碳排放效率的标准差最小，为 0.125 0，其次是 2017 年，为 0.132 7。从变异系数来看，2012—2020 年长江经济带农业碳排放效率的变异系数年均值为 0.143 2。其中，2020 年农业碳排放效率的变异系数最大，为 0.165 8，其次是 2019 年，为 0.164 1；2018 年农业碳排放效率的变异系数最小，为 0.117 0，其次是 2012 年，为 0.124 8。

从农业碳排放效率标准差和变异系数的演变趋势来看（图 5-2），2012—2020 年长江经济带农业碳排放效率的标准差和变异系数变化步调基本一致，总体呈现出先上升后下降再上升态势，说明长江经济带各地级（直辖）市农业碳排放效率差异变化大且不稳定，意味着长江经济带农业碳排放效率不存在 δ 收敛。从不同时间阶段来看，2012—2015 年农业碳排放效率的标准差和变异系数呈稳步上升态势，表明长江经济带不同地级（直辖）市之间的农业碳排放效率差距在扩大，未呈现收敛迹象。2016—2018 年农业碳排放效率的标准差和变异系数呈稳步下降态势，表明长江经济带不同地级（直辖）市之间的农业碳排放效率差距在缩小，即农业碳排放效率存在不同程度的 δ 收敛迹象。2018—2020 年农业碳排放效率的标准差和变异系数又开始呈上升态势，意味着长江经济带不同地级（直辖）市之间的农业碳排放效率差距进一步扩大。

为了对长江经济带农业碳排放效率的 δ 收敛状况进一步检验，以确保上述结论的可靠性，参考吴义根（2018）的研究，构建如下模型：

$$\sigma_{it} = a + \lambda t + \mu_{it} \tag{5.3}$$

其中，σ_{it} 表示农业碳排放效率的标准差，a 为常数项，t 为时间变量，μ_{it} 为随机扰动项。如果回归系数 λ 小于 0 且通过显著性检验，则说明长江经济带不同地级（直辖）市之间的农业碳排放效率呈现出 δ 收敛；如果回归系数 λ 大于 0 且通过显著性检验，则说明长江经济带不同地级（直辖）市之间的农业碳排放效率不存在 δ 收敛；如果回归系数 λ 等于 0，则说明长江经济带不同地级（直辖）市之间的农业碳排放效率的差异一直维持原有状态，既没有缩小也没有扩大。

根据上述模型，对长江经济带不同地级（直辖）市之间的农业碳排放效率进行 δ 收敛检验，其相关的 λ 系数值以及显著性水平如表 5-2 所示。根据表 5-2 可知，农业碳排放效率 δ 收敛检验的 λ 系数为负数，但未通过显著性检验，即不能说明农业碳排放效率存在 δ 收敛，这进一步验证了前文得出的结论：长江经济带农业碳排放效率不存在 δ 收敛。

表 5-2　2012—2020 年长江经济带农业碳排放效率 δ 收敛检验结果

系数	农业碳排放效率		
	Coefficient	t-statistic	R^2
a	1.538 2	0.170 0	0.280 2
λ	−0.675 2	−0.150 0	

注：λ 为公式（5.3）的回归系数；

***、**、*分别表示通过显著性水平为 1%、5%、10% 的显著性检验。

已有研究表明，目前我国农业技术推广体系正处于不断完善阶段，农业技术推广跟不上技术进步的步伐（石慧等，2008），在新技术的快速进步和农业技术推广缓慢的条件下，农业生产效率领先地区比落后地区具有更快的增长速度。（吴义根，2018）。双碳目标下，农业减污降碳势在必行，但囿于农业技术推广速度缓慢，经济发展水平较高地区优先掌握高水平的农业生产低碳清洁技术，降低农业生产碳排放强度，提高农业生产碳排放效率，而经济发展落后地区，接受学习新技术的能力有限，短时间内难以提高农业生产碳排放效率。因此，长江经济带各地级（直辖）市之间的农业碳排放效率水平差异没有呈现出随时间推移而逐渐缩小的趋势。

5.2.2　绝对 β 收敛性检验

绝对 β 收敛性检验可以进一步验证长江经济带各地级（直辖）市之间的农业碳排放效率是否收敛于同一个稳态均衡值。本节进一步检验长江经济带各地级（直辖）市之间的农业碳排放效率是否存在绝对 β 收敛，即检验各地级（直辖）市之间农业碳排放效率水平的差距是否不断缩小，最终达到一个共同的稳态水平。因此，绝对 β 收敛检验模型如下（Sala-i-Martain，1996；曾福生等，2014）：

$$\frac{1}{T}\ln\left(\frac{Y_{it}}{Y_{io}}\right) = \alpha + \beta\ln Y_{io} + \varepsilon_{it} \tag{5.4}$$

式中，T 表示考察的时间跨度；Y_{it}、Y_{io} 分别表示第 t 年、初始年份 o、地级（直辖）市 i 的农业碳排放效率，$\frac{1}{T}\ln\left(\frac{Y_{it}}{Y_{io}}\right)$ 表示在 T 时间段内地级（直辖）市 i 的农业碳排放效率年均增长率；α 和 β 表示待估计的回归系数；ε_{it} 表示随机误差项。如果 $\beta<0$ 且通过显著性水平检验，则说明长江经济带各地级（直辖）市之间农

业碳排放效率会趋同某一稳定水平，即存在绝对 β 收敛。根据相关研究（张海波，2012；侯孟阳等，2019），绝对 β 收敛的速度公式为

$$\lambda = -\frac{1}{T}\ln(1 + T\beta) \tag{5.5}$$

本研究分三个时间段对农业碳排放效率进行绝对 β 收敛检验，三个时间段表示如下：2012—2020 年（以 2012 年为基期），$T=8$；2012—2016 年（以 2012 年为基期），$T=4$；2017—2020 年（以 2017 年为基期），$T=3$。

表 5-3　长江经济带农业碳排放效率的绝对 β 收敛检验结果

系数	2012—2020 年	2012—2016 年	2017—2020 年
α	0.019 7***	0.024 2***	0.057 4***
	(0.002 2)	(0.002 8)	(0.004 4)
β	−0.113 9***	−0.291 4***	−0.356 5***
	(0.010 7)	(0.026 6)	(0.031 3)
R^2	0.507 8	0.552 5	0.542 9
Adjusted R^2	0.503 3	0.518 1	0.538 7
F-statistic	112.470 0***	119.270 0***	129.470 0***
λ	0.015 1	0.043 1	0.055 1

注：β 为公式（5.4）中的回归系数，括号内为标准误；

　　收敛速度 λ 根据公式（5.5）计算得到；

　　***、**、*分别表示通过显著性水平为 1%、5%、10% 的显著性检验。

表 5-3 是长江经济带农业碳排放效率绝对 β 收敛检验的结果。从回归结果来看，不同时间段回归系数 β 值分别为 −0.113 9、−0.291 4 以及 −0.356 5，且均通过 1% 显著性水平检验。这表明长江经济带农业碳排放效率的增长率与其初始值存在负相关关系，即农业碳排放效率具有"追赶效应"，最终各地级（直辖）市将收敛于同一稳态均衡值。不同时间段的收敛速度分为 1.51%、4.31% 以及 5.51%，这表明长江经济带农业碳排放效率在不同时期以不同的收敛速度逐渐趋于同一稳态值。

通过上述 δ 收敛性检验和绝对 β 收敛检验，可以发现长江经济带各地级（直辖）市农业碳排放效率不存在 δ 收敛性，说明长江经济带农业碳排放效率差异较大；而各地级（直辖）市存在明显的绝对 β 收敛，说明长江经济带农业碳排放效

率较低的地级（直辖）市对高的地级（直辖）市具有明显的"追赶效应"，逐渐收敛于同一稳态均衡水平。

5.3 农业碳排放效率的条件收敛检验

上述收敛检验的结果表明在不考虑区域初始条件下，长江经济带农业碳排放效率不存在 δ 收敛，说明各地级（直辖）市之间农业碳排放效率差异总体不稳定，趋于发散；在考虑区域初始条件且假设不同地级（直辖）市具有相同的初始条件下，存在绝对 β 收敛，说明长江经济带农业碳排放效率将逐渐趋于同一稳态均衡值。与绝对收敛检验不同的是，条件收敛认为不同地区具有不同的初始条件，且随着时间的推移将收敛于各自的稳态水平，落后地区与发达地区的差距可能持续并长期存在（孙传旺等，2010）。那么，在考虑长江经济带各地级（直辖）市农业生产各自特征和碳排放的初始水平条件下，其农业生产碳排放效率是否也收敛于各自的稳态水平呢？本节将进一步对长江经济带农业碳排放效率进行条件收敛检验。

根据相关文献可知，现有条件收敛的检验方法主要有两种：一种是在绝对 β 收敛检验模型的基础上加入控制变量（X），如经济发展水平、基础设施、产业结构等。如果在控制其他因素的条件下，回归系数 $\beta < 0$ 且通过显著性水平检验，则表明存在条件 β 收敛，其模型（胡晓琳，2016）构建如下：

$$\frac{1}{T}\ln(\frac{y_{t+T}}{y_t}) = \alpha + \beta\ln y_t + \gamma X + \varepsilon \tag{5.6}$$

然而，选择控制变量没有精确的参考依据，容易产生遗漏解释变量等问题。另一种是 Panel Data 固定效应估计方法（Miller et al.，2002；彭国华，2005；李静，2007；Otsuka et al.，2016）。该方法的优势在于：可以避免考虑主观解释变量和遗漏解释变量，使得研究结果更具客观性；通过设置地区和时间的固定效应模型，可以控制不同地区的自然条件、经济发展水平等因素，有效地避免此类因素的干扰。因此，本研究选择 Panel Data 固定效应估计方法进行条件 β 收敛性检验，不仅考虑了长江经济带各地级（直辖）市因为各自条件的差异而具有的不同稳态值，而且考虑了其自身稳态值的时变效应，具体如下：

$$\ln Y_{it} - \ln Y_{i,t-1} = \alpha + \beta\ln Y_{i,t-1} + \varepsilon_{it} \tag{5.7}$$

式中，$\ln Y_{it}$ 表示 i 地级（直辖）市 t 年的农业生产碳排放效率对数值；α 为 Panel Data 固定效应项，对应着各地级（直辖）市各自的稳态条件（孙传旺等，2010）；β 表示待估计的回归系数，ε_{it} 表示随机误差项。如果 $\beta < 0$ 且通过显著性水平检验，则存在条件 β 收敛，说明长江经济带各地级（直辖）市农业碳排放效率会趋于各自稳定水平。在上述研究基础上分析农业碳排放效率低的地级（直辖）市追赶农业碳排放效率高的地级（直辖）市的速度，以及通过计算收敛速度转换为半程收敛时间 t，即减少农业碳排放效率低的地级（直辖）市与农业碳排放效率高的地级（直辖）市之间差距的一半所需要的年数，得出条件 β 收敛速度 λ、半程收敛时间 t（彭国华，2005）的计算公式如下：

$$\beta = -\left(1 - e^{-\lambda T}\right) \tag{5.8}$$

$$\lambda = -\frac{\ln(1 + \beta)}{T} \tag{5.9}$$

$$t = \frac{70}{\lambda} \tag{5.10}$$

表 5-4 是长江经济带农业碳排放效率条件 β 收敛的 Panel Data 双向固定效应估计结果。结果表明，长江经济带农业碳排放效率的估计回归系数 $\beta < 0$ 且通过 1% 的显著性水平检验，说明长江经济带农业碳排放效率存在着显著的条件 β 收敛，即长江经济带各地级（直辖）市农业碳排放效率存在向其各自的稳态均衡水平收敛的趋势。由于各地级（直辖）市农业生产的初始条件以及发展水平存在差异，导致各地级（直辖）市农业碳排放效率增长水平的差距长期并持续存在。其中，根据公式（5.9）、公式（5.10）计算出 2012—2020 年间长江经济带农业碳排放效率的收敛速度为 25.74%，所需半程收敛时间约为 2.720 0 年。

表 5-4　长江经济带农业碳排放效率的条件 β 收敛检验结果

系数	农业碳排放效率	
	回归系数	T 值
α	0.931 2***	13.970 0
β	−0.835 0***	−13.910 0
R^2	0.518 9	
F-statistic	25.400 0***	

续表

系数	农业碳排放效率	
	回归系数	T 值
收敛速度 λ	0.257 4	
半程收敛时间 t	2.720 0	

注：β 为公式 （5.7） 的 Panel Data 双向固定效应的回归系数；

　　收敛速度 λ 根据公式 （5.9） 计算得到，半程收敛时间 t 根据公式 （5.10） 计算得到；

　　***、**、*分别表示通过显著性水平为 1％、5％、10％的显著性检验

　　综上所述，长江经济带农业碳排放效率存在显著的条件 β 收敛，说明长江经济带农业碳排放效率存在向其各自的稳态均衡水平收敛的趋势，这意味着通过加大清洁低碳农业技术研发和推广，完善农业基础设施等政策措施，有助于推动各地级（直辖）市农业碳排放效率的稳态趋于一致。

5.4　农业碳排放效率俱乐部收敛检验

5.4.1　俱乐部收敛检验方法

　　上文的收敛性检验结果表明长江经济带不同地级（直辖）市的农业碳排放效率在样本期内存在绝对 β 收敛和条件 β 收敛，那么长江经济带农业碳排放效率的收敛特征存在着怎样的内部层次？为探究长江经济带农业碳排放效率的内部收敛特征，本研究进一步对长江经济带农业碳排放效率进行俱乐部收敛检验。根据现有研究（张普伟等，2019）可知，常用的俱乐部收敛检验方法可以分为两种：第一种，采用两个经典收敛检验[1]方法进行研究。通常是先将研究区域划分为几个类别，然后采用两个经典收敛检验方法检验其是否收敛，如果收敛则认为每个类别为一个收敛俱乐部。如潘丹（2012）在研究我国农业绿色生产率俱乐部收敛情况时，将我国 30 个省份划分为东部、中部以及西部等三类，得出这三个地区不存在绝对收敛，但存在条件收敛。梁红艳（2018）将中国八大城市群划分为三层，分别为层级最高、较高、一般等国家级城市群。唐子来等（2016）通过对生

――――――

　　[1]　两个经典收敛检验分别为绝对 β 收敛检验、条件 β 收敛检验。

产性服务业分布情况进行经典收敛检验，得出不同功能等级城市群内生产性服务业发展均存在俱乐部收敛。第二种，采用非线性时变因子模型的内生俱乐部检验方法进行研究。如贺祥民等（2017）采用此方法研究中国省级层面环境效率的俱乐部收敛情况。Parker 等（2017）采用聚类分析将 61 个经济合作与发展组织国家进行分类，分析 1980—2009 年期间制造业的能源生产率。

非线性时变因子模型弥补了经典收敛模型假设研究对象具有同质性的不足，考虑了研究对象具有异质性，允许其异质性可以随着时间的变化而变化，且各研究对象拥有自身随着时间变化的路径（张晋伟等，2019）。同时，在数据处理方面，非线性时变因子模型可以对平稳性和非平稳性数据（Phillips et al.，2007）进行处理。总的来说，非线性时变因子模型，既涵盖了经典收敛模型分组进行检验的功能，又弥补了经典收敛模型无法根据数据本身对俱乐部收敛进行内生性识别的不足。故本研究选择非线性时变因子模型对长江经济带农业碳排放效率的收敛俱乐部类型进行识别和分析。

非线性时变因子模型分析主要有两个步骤：首先对样本数据进行 $\log t$ 检验；然后根据收敛俱乐部的算法步骤，识别出研究对象中全部存在的收敛俱乐部，主要检验步骤具体如下：

（1）$\log t$ 检验

假设长江经济带 i 地级（直辖）市第 t 年的农业碳排放效率表示为 Y_{it}，则 Y_{it} 可以进行如下分解：

$$Y_{it}=g_{it}+\varepsilon_{it} \tag{5.11}$$

式中，$i=1$，2，$\cdots$，N 表示样本截面上的不同地级（直辖）市，$t=1$，2，$\cdots$，T 表示样本的时间跨度。g_{it} 表示随着时间推移，不同地级（直辖）市的农业碳排放效率水平维持相对稳定的部分，即各地级（直辖）市共性部分；ε_{it} 表示随着时间推移，不同地级（直辖）市农业碳排放效率水平随着时间推移而呈现变动的部分，即各地级（直辖）市个体时变部分。

为了便于分析农业碳排放效率的共性部分和个体时变部分，将式（5.11）等价变换为如式（5.12）所示的时变因子模型：

$$Y_{it}=\left(\frac{g_{it}+\varepsilon_{it}}{u_t}\right)u_t=\delta_{it}u_t \tag{5.12}$$

其中，u_t 为长江经济带各地级（直辖）市的共同时变因子，δ_{it} 表示 i 长江经济带各地级（直辖）市的个体时变因子，如果 δ_{it} 收敛于常数 δ，说明长江经济带各地级（直辖）市的农业碳排放效率收敛，即随着时间推移，各地级（直辖）市的农业碳排放效率趋于同一稳态均衡水平。

为了进一步检验 δ_{it} 是否收敛，相对时变参数 h_{it}（Phillips et al.，2009）构建如下：

$$h_{it} = \frac{Y_{it}}{\frac{1}{N}\sum_{i=1}^{N} Y_{it}} = \frac{\delta_{it} u_t}{\frac{1}{N}\sum_{i=1}^{N} \delta_{it} u_t} = \frac{\delta_{it}}{\frac{1}{N}\sum_{i=1}^{N} \delta_{it}} \tag{5.13}$$

其中，h_{it} 表示 i 地级（直辖）市第 t 年农业碳排放效率与长江经济带农业碳排放效率平均值的比值，其反映了某一地级（直辖）市与其他地级（直辖）市的特征差异，以及 i 地级（直辖）市农业碳排放效率与长江经济带各地级（直辖）市农业碳排放效率的平均值的偏离度。

当 δ_{it} 收敛于常数 δ 时，则 h_{it} 收敛于 1，表示各地级（直辖）市农业碳排放效率存在长期收敛，即当 $t \to +\infty$，且 $h_{it} \to 1$ 时，h_{it} 的第 t 年横截面方差 H_t 将趋于 0，即

$$H_t = \frac{1}{N}\sum_{i=1}^{N}(h_{it}-1)^2 \xrightarrow{t \to +\infty} 0 \tag{5.14}$$

为了构建长江经济带各地级（直辖）市农业碳排放效率收敛的原假设，本研究首先构建时变因子 δ_{it} 的半参数模型，有

$$\delta_{it} = \delta_i + \sigma_i \varepsilon_{it} L(t)^{-1} t^{-\alpha} \tag{5.15}$$

其中，δ_i 表示不随时间的变化而变化，且只与 i 各地级（直辖）市自身特征有关的常数项（张普伟等，2019）；σ_i 为异质性规模参数；$\varepsilon_{it} \sim iid(0, 1)$；$L(t)$ 是一个随着时间推移缓慢变大的时变函数，满足当 $t \to +\infty$ 时，$L(t) \to +\infty$；α 表示收敛速度，当 $\alpha \geqslant 0$ 时，δ_{it} 收敛于 δ_i，且 α 越大，表示收敛速度越快。

基于上述定义，收敛性检验被转化为原假设（H_0）和备择假设（H_A）的假设检验。

$$H_0 : \delta_i = \delta \text{ 且 } \alpha \geqslant 0 \tag{5.16}$$

$$H_A : \text{存在某个 } i \text{ 使得 } \delta_i \neq \delta \text{ 或 } \alpha < 0 \tag{5.17}$$

原假设意味着长江经济带各地级（直辖）市农业碳排放效率收敛于同一稳态水平，而备择假设意味着至少存在一个地级（直辖）市农业碳排放效率与其他地级（直辖）市不趋于一致，即在各地级（直辖）市农业碳排放效率中某些地级

（直辖）市可能存在俱乐部收敛，也有可能所有地级（直辖）市均不存在俱乐部
收敛。在长江经济带各地级（直辖）市农业碳排放效率俱乐部收敛情况下，其截
面方差 H_t 等价公式（Phillips et al.，2009）为

$$H_t \sim \frac{A}{L\ (x)^2 t^{2\alpha}},\ t \rightarrow +\infty,\ A > 0 \tag{5.18}$$

其中，A 为常数。基于公式（5.18）构建 $\log t$ 检验回归方程模型，有

$$\log(\frac{H_1}{H_t}) - 2\log L(t) = \hat{c} + \hat{\gamma}\log t + \hat{\mu}_t \tag{5.19}$$

其中，$L\ (t) = \log\ (t+1)$，$t = [rT]$，$[rT] + 1$，$\cdots$，T，r 为决定 $\log t$ 检验
回归方程模型中 t 的起始时间，根据蒙特卡洛模拟实验结果（Phillips et al.，
2007），本研究取 $r = 0.3$；$\hat{\gamma}$ 为 $\log t$ 回归系数，$\hat{\gamma} = 2\hat{\alpha}$，$\hat{\alpha}$ 是原假设中 α 的估计值。
根据 $\hat{\gamma}$ 和给定显著性水平下的单侧 t 检验对原假设进行检验（张普伟等，2019），
如果 $\hat{\gamma} > 0$、$t_{\hat{\gamma}} \geqslant -1.65$ 且显著性水平为 5% ，则不能拒绝原假设；反之，则拒绝
原假设。称该假设检验为 $\log t$ 检验。

（2）基于 $\log t$ 检验的收敛俱乐部识别步骤

如果长江经济带各地级（直辖）市农业碳排放效率收敛的原假设被拒绝，可
以继续通过 $\log t$ 检验的原理识别是否存在俱乐部收敛。该识别方法仅根据各地级
（直辖）市农业碳排放效率，而不依据任何外部标准，是一种内生的收敛俱乐部
识别方法（张普伟等，2019）。

具体识别步骤如下：

第 1 步：横截面个体排序。将各地级（直辖）市按照历年农业碳排放效率的
平均值从高到低进行排序[①]。

第 2 步：确定核心类型。在第 1 步排序结果中，选择前两个地级（直辖）市
进行 $\log t$ 检验，若拒绝原假设，则剔除第一个地级（直辖）市，将第二和第三个
地级（直辖）市组成新的一组，重新进行 $\log t$ 检验。依次循环，直至找到两个接
受原假设的地级（直辖）市，并将这两个地级（直辖）市作为初始核心组，然后
跳转至第 3 步；若依次循环，直至最后两个地级（直辖）市组成一组，并对其进

---

① 一般对横截面个体排序，主要按照各地区最后一年的观测值或者各年观测值的平均值从高到低进
行排序，由于本研究各地级（直辖）市各年农业碳排放效率波动较大，为了减小误差，采用各地级（直
辖）市各年农业碳排放效率的平均值从高到低进行排序。

行 log$t$ 检验，依然拒绝原假设，则说明没有收敛俱乐部。

第 3 步：识别新的俱乐部成员。按照第 1 步排序的顺序，将未与初始核心组成员一起检验过的地级（直辖）市依次加入初始核心组，进行 log$t$ 检验，依次循环，遍历所有地级（直辖）市后，识别出核心组的全部地级（直辖）市，最后得到一个收敛俱乐部。

第 4 步：识别所有收敛俱乐部并对其进行合并。对于不属于第 3 步最后得到一个收敛俱乐部的地级（直辖）市进行 log$t$ 检验，若接受原假设，则这些地级（直辖）市为一个收敛俱乐部；若拒绝原假设，则重复上述步骤。依次循环，直至识别出全部存在的收敛俱乐部并检验其收敛俱乐部之间是否可以合并。

5.4.2 俱乐部收敛分析

为了检验长江经济带农业碳排放效率收敛情况，对全局收敛性进行检验，若存在全局收敛，则说明长江经济带各地级（直辖）市农业碳排放效率差异在逐渐缩小；若不存在全局收敛，则继续对各地级（直辖）市农业碳排放效率的收敛俱乐部进行识别。以下主要从农业碳排放效率阐述各地级（直辖）市农业碳排放效率收敛俱乐部情况。

根据上述 log$t$ 检验方法，提出如下假设：

原假设 H_0：长江经济带各地级（直辖）市农业碳排放效率存在全局收敛，即 $\gamma \geqslant 0$。

备择假设 H_A：长江经济带各地级（直辖）市农业碳排放效率不存在全局收敛，即 $\gamma < 0$。

通过对 2012—2020 年长江经济带各地级（直辖）市农业碳排放效率的全局收敛性检验结果可知：$\hat{\gamma} = -3.180\ 9 < 0$，即拒绝原假设。这意味着 2012—2020 年长江经济带农业碳排放效率不存在全局收敛。

由俱乐部收敛的检验结果可知，长江经济带各地级（直辖）市农业碳排放效率存在 7 种初始收敛类型和 1 种发散类型。通过合并法则（Phillips et al.，2009）对这 7 种初始收敛类型和 1 种发散类型做进一步检验，最终得到 6 种收敛类型和 1 种发散类型（表 5-5）。

表 5-5　长江经济带农业碳排放效率的俱乐部收敛分类结果

初始类型	合并检验							最终分类
类型1[5]	club1+2· 0.437***							类型-A[5]
类型2[6]		club2+3· 0.662***						类型-B[6]
类型3[79]			club3+4· −0.110**					类型-C[79]
类型4[4]				club4+5· 5.866***				类型-D[4]
类型5[3]					club5+6· 4.659***			类型-E[3]
类型6[3]						club6+7· 12.375**		类型-F[3]
类型7[5]							club7+8· 4.572***	类型-G[5]
类型8[5]							(5.944 6)	

注：·表示两种类型不能合并；

　　*、**、***分别表示在10%、5%、1%水平下通过显著性检验；

　　方括号内为俱乐部成员的个数。

图 5-3 显示了长江经济带各地级（直辖）市农业碳排放效率的俱乐部收敛分布情况。从分布区域来看，农业碳排放效率处于类型-A 的地级（直辖）市主要分布在长江经济带的上游地区和下游地区，处于类型-B 的地级（直辖）市主要分布在中游地区，处于类型-C的地级（直辖）市主要贯穿整个长江经济带，处于类型-D、类型-E、类型-F、类型-G 和类型-H 的地级（直辖）市分布在长江经济带的中游地区和下游地区，且较为分散。从农业碳排放效率平均值来看，处于类型-A 的地级（直辖）市农业碳排放效率平均值为 1.109 3，其他类型的地级（直辖）市农业碳排放效率平均值依次为 1.106 7、1.109 6、1.107 3、1.108 8、1.108 2、1.104 0 以及 1.107 2。各类型俱乐部所包含的地级（直辖）市如表 5-6 所示。

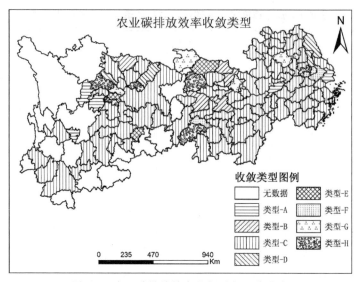

图 5-3 农业碳排放效率的俱乐部区位分布

表 5-6 长江经济带各地级（直辖）市农业碳排放效率俱乐部收敛分类结果

收敛类型	区域名称
类型-A	池州、乐山、攀枝花、上海、雅安
类型-B	常德、广元、邵阳、随州、孝感、岳阳
类型-C	安庆、安顺、巴中、蚌埠、保山、毕节、亳州、长沙、郴州、抚州、阜阳、赣州、杭州、合肥、衡阳、湖州、怀化、淮安、淮北、淮南、黄冈、黄山、黄石、吉安、嘉兴、金华、荆门、荆州、景德镇、九江、昆明、丽江、丽水、连云港、临沧、六安、六盘水、泸州、马鞍山、眉山、绵阳、南昌、南充、南京、南通、宁波、萍乡、普洱、曲靖、衢州、上饶、绍兴、宿迁、宿州、遂宁、台州、铜陵、铜仁、温州、芜湖、咸宁、湘潭、新余、徐州、宣城、扬州、宜宾、宜春、益阳、鹰潭、永州、玉溪、张家界、昭通、镇江、重庆、舟山、株洲、遵义
类型-D	达州、德阳、泰州、盐城
类型-E	贵阳、内江、襄阳
类型-F	娄底、苏州、无锡
类型-G	滁州、鄂州、十堰、武汉、资阳
类型-H	常州、成都、广安、宜昌、自贡

　　总的来说，同一俱乐部的地级（直辖）市均收敛于同一稳态水平，不同俱乐部之间差异较大。其中，处于俱乐部类型-C 的地级（直辖）市有 79 个，分布较

为集中，表现出块状聚类的分布特征；而俱乐部类型-B、类型-D、类型-E、类型-F、类型-G 农业碳排放效率均相对较低，且处于此类的地级（直辖）市有 21个，分布较为分散。表明农业碳排放效率处于低水平的地级（直辖）市占大多数，也进一步验证了长江经济带农业碳排放效率提升空间仍很大。

综上所述，从整体来看，长江经济带农业碳排放效率不存在全局收敛，表明各地级（直辖）市农业碳排放效率存在异质性；从局部来看，由于各地级（直辖）市异质性程度较高，农业碳排放效率存在 6 种俱乐部类型和 1 种发散类型，且各类型中有一半以上地级（直辖）市分布较为集聚，表明各地级（直辖）市农业碳排放效率存在空间聚集效应，聚集水平较高，但仍有很大部分地级（直辖）市分布较为分散。因此，需进一步加强邻近地区农业生产方式以及农业政策等方面的交流学习。

5.5　农业碳排放效率随机收敛检验

上述分析结果表明长江经济带各地级（直辖）市间农业碳排放效率存在差异且短期内不会自动消失，那么各地级（直辖）市农业碳排放效率的差异会一直长期存在吗？根据国内外相关学者的研究可知（Carlino et al.，1993；Funk et al.，2003；吴昊玥等，2017；谢阳光等，2019），随机收敛反映了经济单元之间的长期收敛情况，可以用来检验各地级（直辖）市之间生产率差异是否会长期存在。基于此，本节将随机收敛检验方法引入到农业碳排放效率收敛的判断中，进一步检验长江经济带农业碳排放效率的长期收敛性。

由随机收敛检验方法可知，如果检验结果存在单位根则表明经济单元的农业碳排放效率是发散的；反之，为收敛的。设定 N 个经济单元，当共同趋势 m_t 与有限参数 u_1，u_2，$\cdots$，u_n 存在，即公式（5.20）成立，则 N 个经济单元的农业碳排放效率收敛于共同趋势 m_t。

$$\lim_{k \to 0} E_t(y_{n,t+k} - m_{t+k}) = u_n, \quad n = 1,2,\cdots,N \qquad (5.20)$$

式中，$y_{n,t}$ 表示第 n 个地级（直辖）市 t 时期的农业碳排放效率；m_t 表示所有经济单元农业碳排放效率发展的共同趋势。

对于 N 个经济单元，平均公式（5.20）可以得到

$$\lim_{k \to 0} E_t \left(\overline{y}_{t+k} - m_{t+k} \right) = \frac{1}{N} \sum_{n=1}^{N} u_n \tag{5.21}$$

$$\overline{y}_t = \frac{1}{N} \sum_{n=1}^{N} y_{nt} \tag{5.22}$$

由于公式（5.20）和公式（5.21）中的 m_t 无法观测到，可将公式（5.20）减去公式（5.21），得

$$\lim_{k \to 0} E_t \left(y_{n,t+k} - \overline{y}_{t+k} \right) = u_n - \frac{1}{N} \sum_{n=1}^{N} u_n \tag{5.23}$$

如果对于每一个经济单元，$y_{n,t+k} - \overline{y}_{t+k}$ 均为平稳序列，则这 N 个经济单元存在收敛趋势，具体判定依据是下式（5.24）中的参数 γ_n 是否为 0：

$$\Delta \left(y_{n,t} - \overline{y}_t \right) = \delta_n + \gamma_n \left(y_{n,t-1} - \overline{y}_{t-1} \right) + \frac{1}{N} \sum_{k=1}^{p} \sum \varphi_{n,k} \Delta \left(y_{n,t-k} - \overline{y}_{t-k} \right) + u_{nt}$$

$$\tag{5.24}$$

式中，$n = 1, 2, \cdots, N$；$t = 1, 2, \cdots, T$。γ_n 为地区效应，u 在各个经济单元间均不存在相关关系。

因此，可以通过检验面板数据序列（$y_{n,t} - \overline{y}_t$）是否平稳来判断各经济单元的农业碳排放效率是否存在随机收敛。当 $\gamma_n < 0$ 时，（$y_{n,t+k} - \overline{y}_{t+k}$）为平稳序列，农业碳排放效率差距（$y_{n,t} - \overline{y}_t$）是个平稳随机过程，说明所有经济单元存在趋同均衡水平运动，对区域 n 的冲击是暂时的，随时间的推移会逐渐消失，农业碳排放效率在随机性趋同；反之，如果 $\gamma_n = 0$，则（$y_{n,t} - \overline{y}_t$）是非平稳序列，外部冲击效应会不断累积，农业碳排放效率呈现随机发散趋势，最终农业碳排放效率偏离共同趋势。

IPS 检验（Im 等，2003）和 Hadri 检验（Hadri，2000）均属于面板单位根检验，是随机收敛检验的常用方法，但检验结果的阐释并不明确。为此，有学者提出了验证性分析方法（Confirmatory Analysis，CA），能够综合比较不同类型面板单位根检验结果，从而得出较为稳健的结论。CA 有四种可能结果（表5-7），其中第Ⅰ种类型结论表示序列的平稳性无法判断；第Ⅱ种类型结论表明所有序列均是平稳序列，存在随机收敛；第Ⅲ种类型结果表明所有序列存在单位根，不存在随机收敛；第Ⅳ种类型结果表明部分序列随机收敛，结论不确定。

表 5-7　验证性分析（CA）结果类型

序号	IPS 检定结果	Hadri 检定结果	类型
1	不能拒绝原假设	不能拒绝原假设	Ⅰ
2	拒绝原假设	不能拒绝原假设	Ⅱ
3	不能拒绝原假设	拒绝原假设	Ⅲ
4	拒绝原假设	拒绝原假设	Ⅳ
IPS 检定	H_0：所有面板单位包含单位根		
Hadri 检定	H_0：所有面板单位均为平稳过程		

本研究基于 CA 分析方法对长江经济带农业碳排放效率是否收敛进行了随机收敛检验，检验的结论如表 5-8 所示。表中结果显示，长江经济带农业碳排放效率的 IPS 检验和 Hadri 检验均在 1％的显著性水平拒绝了原假设，属于验证性分析结论中的类型Ⅳ（表 5-7），这可能由于部分序列是平稳序列，部分是随机发散的，说明长江经济带各地级（直辖）市的农业碳排放效率差距并不是短期性的，而是会长期存在。

表 5-8　长江经济带农业碳排放效率的随机收敛检验结果

检验类型	农业碳排放效率	
	t-statistic	P 值
IPS	$-7.339\,4$	0.000 0
Hadri	13.064 9	0.000 0

5.6　农业碳排放效率增长分布动态分析

上文的收敛检验方法主要是针对长江经济带各地级（直辖）市农业碳排放效率增长分布的一阶矩与二阶矩进行的，一定程度上反映出长江经济带各地级（直辖）市农业碳排放效率存在差异性，但无法刻画其收敛的分层、极化与动态分布等特征。鉴于此，本节采用增长分布动态法（Dynamic Distribution Approach）对长江经济带农业碳排放效率的动态分布演进情况进行分析。根据数据序列状态设定的不同，增长分布动态法可分为核密度函数估计方法（Kernal Density Distribution）和马尔可夫链方法（Markov Chain Method）（董亚娟等，2009）。前者将农业碳排放效率序列作为连续状态处理，用来刻画农业碳排放效率分布的整体形态；后者将农业碳排放效率序列作为离散状态处理。通过各地级（直辖）市农业碳排放效率内部分布的流动性来分析其动态变化及其发生概率，旨在说明长江经济带农业碳排放效率分布演进的长期趋势。这既弥补了传统收敛方法、随机收敛方法的不足，也是对现有理论应用范围的推广。

5.6.1 农业碳排放效率的核密度分布分析

核密度函数估计方法常用于分析非均衡分布，大量学者采用核密度函数估计对生产率增长差异分布的动态变化进行了广泛研究（徐晶晶，2015；杨越，2018；吴书胜，2018）。本研究采用核密度函数估计对长江经济带农业碳排放效率增长分布的动态变化进行实证分析。

1. 核密度函数估计方法

核密度函数估计方法一般用于随机变量密度函数估计，估计样本横截面的分布，从而反映了研究区农业碳排放效率的分布状态和演化趋势。通过该方法分析农业碳排放效率增长分布能够有效地弥补直方图不连续的缺陷，使得农业碳排放效率分布形状更为准确。假设随机变量 X 的密度函数为 $f(x)=f(x_1, x_2, \cdots, x_i, \cdots, x_n)$，$f(x)$ 在样本点 x 处的概率密度分布函数为

$$f(x) = \frac{1}{Nh}\sum_{i=1}^{N}K(\frac{x-x_i}{h}) \tag{5.25}$$

式中，N 是样本观测值数目，$K(\cdot)$ 为核密度函数，核密度函数有多种不同表现形式，主要包括 Epanechnikov 核、Triangular（三角核）、Gaussian Kernal Function（高斯正太核）等多种核函数形式。其中，最为常用的核函数为 Epanechnikov 核，其具体表达式为

$$K(u) = \frac{p(p+2)}{2S_p}(1-u_1^2-u_2^2-\cdots-u_p^2) \tag{5.26}$$

式中，$S_p=\dfrac{2\pi^{\frac{p}{2}}}{\Gamma(\frac{p}{2})}$；$p$ 为随机变量 X 的维数，当 $p=1$ 时，$K(u)=\dfrac{3}{4}(1-u^2)I$ （$|u|\leqslant1$），I 为指数函数。需要指出的是，非参数估计并不能确定核函数表达式，需通过核函数曲线变化来研究样本分布的变化趋势。

常数 h 为带宽，其决定了核密度估计的精度和曲线的平滑程度。其选择远比

核函数的选择更重要，使用不同核函数得到的核密度曲线估计一般非常接近。一般地，样本量越大，要求带宽就越小；样本量越小，要求带宽越大。带宽过大或过小都会使得核密度估计出现偏差（韩海彬等，2017），根据 Silverman 最佳准则，最佳带宽选择应使积分误差达到最小，在实证分析中，经常将带宽设定为 $h=0.9SN^{\frac{4}{5}}$（N 为样本量，S 为样本标准差）。

通过核密度函数估计结果，可以观察到核密度函数分布的位置、形状和波峰等特征。若变量分布的概率密度函数随着时间的推移而不断向右平移，则说明农业碳排放效率呈现出快速增长的态势；若变量分布的概率密度函数呈现出"单峰"形状，则说明各地级（直辖）市农业碳排放效率分布趋于同一均衡点；若变量分布的概率密度函数呈现出"双峰"甚至"多峰"形状，则说明各地级（直辖）市农业碳排放效率存在双峰趋同，甚至更多均衡点；若变量分布的概率密度函数呈现分布的波峰高度持续降低，则说明各地级（直辖）市农业碳排放效率差异增大，且聚集程度降低。变量分布的概率密度函数分布形式与差距水平的对应关系（武鹏等，2010；潘丹，2012；田云等，2014；田云和尹忞昊，2022），如表 5-9 所示。

表 5-9 核密度函数分布形式与差距水平的对应变化关系

	差距变大	差距变小
波峰高度	变矮	变高
波峰宽度	变宽	变窄
波峰偏度	左偏	右偏
波峰数量	变多	变少

2. 农业碳排放效率的核密度分布分析

为了进一步分析农业碳排放效率的动态变化趋势，本研究利用增长分布方法给出了长江经济带各地级（直辖）市农业碳排放效率的核密度分布情况。研究采用等间距法进行具体分析，以 2012 年为基期，每三年为一个间隔抽取相关年份，将末期年份 2020 年纳入分析，最终选取 2012 年、2015 年、2018 年和 2020 年的农业碳排放效率的核密度分布图（图 5-4、图 5-5）。图中横轴表示长江经济带农业碳排放效率值，纵轴表示核密度大小。

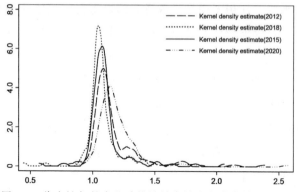

图 5-4　代表性年份农业碳排放效率核密度分布情况综合图

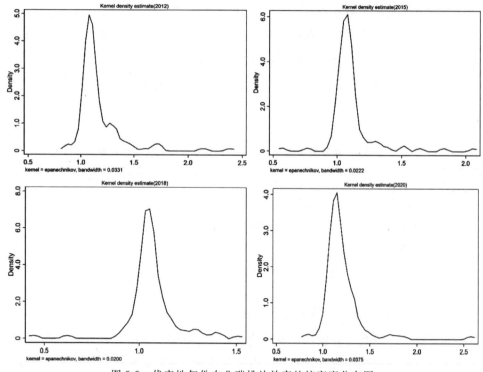

图 5-5　代表性年份农业碳排放效率的核密度分布图

　　图 5-4 和图 5-5 反映了长江经济带各地级（直辖）市农业碳排放效率分布的动态演化特征。从整体来看，2012—2020 年核密度曲线波峰所对应长江经济带农业碳排放效率水平先向左后向右侧移动，说明年际间多数地级（直辖）市农业碳排放效率不稳定，但总的来说在提升。

2012—2020 年核密度曲线波峰呈现由减少的趋势，说明越来越多的地级（直辖）市农业碳排放效率呈现收敛态势。其中，第一阶段（2012—2015 年），核密度曲线波峰先由"多峰模式"向"更多峰模式"转变，说明部分地级（直辖）市农业碳排放效率在不同水平上集中，且较为分散。这也意味着长江经济带农业碳排放效率开始由收敛走向发散，其核密度分布图的多峰状况被称为"多峰趋同"或"多俱乐部趋同"。第二阶段（2016—2020 年），核密度曲线波峰由"多峰模式"向"双峰模式"转变，说明各地级（直辖）市农业碳排放效率随着时间的推移，开始趋于同一均衡水平。总的来说，2012—2020 年核密度曲线波峰的高度总体在下降，左拖尾在缩短，右拖尾在拉长。说明各地级（直辖）市农业碳排放效率值在提高。

核密度曲线的波峰呈现出由尖峰形向宽峰形转变的变化趋势，且波峰偏度右偏。说明更多的地级（直辖）市农业碳排放效率逐渐向右侧靠近，意味着更多的地级（直辖）市农业碳排放效率向同一均衡点趋同，农业碳排放效率低的地级（直辖）市提升速度加快并逐渐赶上长江经济带农业碳排放效率平均水平，从而拥有相似农业碳排放效率水平的地级（直辖）市数量不断增多，且各地级（直辖）市间农业碳排放效率差距在的缩小。

综上所述，根据核密度估计结果可知，长江经济带农业碳排放效率水平分布的形态特征在年际间发生显著变化。可能是农业生产方式转变、支农惠农和化肥减量政策、农业生产技术的提高等内部和外部因素对长江经济带农业碳排放效率产生了一定影响。

5.6.2　农业碳排放效率增长分布内部流动性分析

5.6.1 节通过核密度函数估计对农业碳排放效率增长分布情况进行了分析，但没能反映各地级（直辖）市农业碳排放效率增长分布相对位置的动态变化以及发生概率的大小。鉴于此，本节将马尔可夫链方法纳入农业碳排放效率增长分布动态分析框架中，通过马尔可夫链方法分析长江经济带农业碳排放效率分布的状态转移。

1. 马尔可夫链方法

马尔可夫链方法是通过构造马尔可夫转移矩阵，描述各地级（直辖）市农业碳排放效率动态演化趋势过程的一种随机时间序列方法。该方法假设各地级（直辖）市农业碳排放效率增长具有"无后效性"。在这一假设前提下，将各地级（直辖）市农业碳排放效率水平离散化为4种类型，通过计算各种类型的概率分布及其变化，得出长江经济带农业碳排放效率演变过程的转移概率矩阵，判断各地级（直辖）市农业碳排放效率分布的动态变化趋势。如某地级（直辖）市在 m 年后农业碳排放效率可能仍处于原来的水平，也可能进入更高的农业碳排放效率水平，也有可能滑落到更低的农业碳排放效率水平行列。从而根据各地级（直辖）市农业碳排放效率的变化趋势，分析长江经济带农业碳排放效率的收敛特征。

假设 p_{ij} 表示随机过程从时间 t 的状态类型 i 转移到时间 $t+1$ 的状态类型 j 的概率，$a_i(t)$ 表示时间 t 状态处于 s_i 的概率，则

$$a_i(t+1) = \sum_{i=1}^{n} a_i(t) p_{ij}, \quad i = 1, 2, \cdots, n \qquad (5.27)$$

式中，$a_i(t+1)$ 表示 $t+1$ 时期的状态概率，它仅由时间 t 要素的状态概率 $a_i(t)$ 和转移概率 p_{ij} 决定，和过去的状态不相关。本研究将第 t 年长江经济带各地级（直辖）市农业碳排放效率的概率分布表示为 $1 \times K$ 的状态概率向量 P_t，则不同年份的农业碳排放效率可以用 $K \times K$ 的马尔可夫链转移矩阵表示，如表 5-10 所示。

表 5-10　马尔可夫转移概率矩阵 （$K=4$）

水平类型	低	中低	中高	高
低	P_{11}	P_{12}	P_{13}	P_{14}
中低	P_{21}	P_{22}	P_{23}	P_{24}
中高	P_{31}	P_{32}	P_{33}	P_{34}
高	P_{41}	P_{42}	P_{43}	P_{44}

由表 5-10 可知，P_{ij} 代表初期农业碳排放效率处于类型 i 的地级（直辖）市在下一年转移为类型 j 的转移概率，即

$$P_{ij} = \frac{n_{ij}}{n_i} \qquad (5.28)$$

式中，n_{ij} 表示在某研究期间内，处于类型 i 的地级（直辖）市在下一年转移为 j 类

型的地级（直辖）市个数，n_i 表示所有年份中属于类型 i 的地级（直辖）市个数。如果某地级（直辖）市农业碳排放效率在初期处于类型 i，在下一年份后仍保持类型 i 不变，则该地区农业碳排放效率转移是平移的。状态转移概率矩阵 P 如果不随时间变动，则经过 n 期后的农业碳排放效率分布为 $a(t+n)=P^n a(t)$。当 $n \rightarrow +\infty$ 时，如果 $a(t+n)$ 收敛，即各地级（直辖）市农业碳排放效率具有收敛性时，可得到长江经济带各地级（直辖）市农业碳排放效率的平稳分布 $\pi=(\pi_1，\pi_2，\cdots，\pi_n)$，这是长江经济带农业碳排放效率分布的长期均衡状态（董亚娟等，2009；潘丹，2012；胡晓琳，2016；章胜勇等，2020；张丽琼和何婷婷，2022）。平稳分布 π 是方程组（5.29）的唯一解。

$$\begin{cases} \pi_j = \sum_{i=1}^{N} \pi_i P_{ij}，\quad j=1,2,\cdots,N \\ \pi_j > 0, \sum_{i=1}^{N} \pi_j = 1 \end{cases} \quad (5.29)$$

通过平稳分布状态，可以预测地级（直辖）市之间农业碳排放效率是否能够实现协调发展。如果平稳分布 π 集中分布，则各地级（直辖）市农业碳排放效率集中于同一水平区间，存在趋同现象，各地级（直辖）市农业碳排放效率差异最终可以得以消除；如果平稳分布 π 分散分布或者无法求解，则说明各地级（直辖）市农业碳排放效率差异一直存在，最终无法实现农业协调发展。

2. 农业碳排放效率的马尔可夫链估计结果分析

上述通过核密度函数估计方法分析了长江经济带农业碳排放效率分布的整体形态，但却无法准确揭示长江经济带各地级（直辖）市间农业碳排放效率的长期发展趋势。本节将在上述农业碳排放效率增长分布演进的基础上，采用马尔可夫链方法分析农业碳排放效率增长分布中各地级（直辖）市的状态转移，旨在摸清长江经济带各地级（直辖）市间农业碳排放效率差异长期的变化趋势。

结合 2012—2020 年长江经济带各地级（直辖）市间农业碳排放效率的测算结果，采用四分位数方法，将各地级（直辖）市间农业碳排放效率离散化为4 种状态水平类型。具体状态类型划分的标准为：将农业碳排放效率从低到高排序，位于前四分之一分位数的地级（直辖）市为低水平；位于四分之一分位数到四分之二分位数之间的地级（直辖）市划分为中低水平；位于四分之二分位数到四分之三分位数之间的地级（直辖）市划分为中高水平；剩余的地级

（直辖）市划分为高水平。为了具体分析长江经济带农业碳排放效率在不同时期的动态演化趋势，分别测算了不同时间段内长江经济带农业碳排放效率（不同时间段为：2012—2016 年、2016—2020 年和 2012—2020 年）的马尔可夫转移矩阵。其中，样本数表示初始时期落在各状态水平类型中的地级（直辖）市个数；对角线上的数值表示地级（直辖）市农业碳排放效率始终保持不变的概率；非对角线上的数值表示地级（直辖）市农业碳排放效率向上或向下转移的概率（表 5-11）。

表 5-11　长江经济带农业碳排放效率的马尔可夫转移矩阵表

时间段	类型	样本数	低水平	中低水平	中高水平	高水平
2012—2016 年	低水平	99	0.444 4	0.303 0	0.191 9	0.060 6
	中低水平	136	0.191 2	0.500 0	0.205 9	0.102 9
	中高水平	114	0.184 2	0.298 2	0.377 2	0.140 4
	高水平	91	0.241 8	0.120 9	0.197 8	0.439 6
2016—2020 年	低水平	139	0.287 8	0.237 4	0.259 0	0.215 8
	中低水平	105	0.304 8	0.276 2	0.219 0	0.200 0
	中高水平	97	0.299 0	0.164 9	0.309 3	0.226 8
	高水平	99	0.171 7	0.020 2	0.131 3	0.676 8
2012—2020 年	低水平	238	0.352 9	0.264 7	0.231 1	0.151 3
	中低水平	241	0.240 7	0.402 5	0.211 6	0.145 2
	中高水平	211	0.237 0	0.237 0	0.346 0	0.180 1
	高水平	190	0.205 3	0.068 4	0.163 2	0.563 2

表 5-11 显示了长江经济带农业碳排放效率的马尔可夫链估计结果：

（1）农业碳排放效率的流动性相对较低。通过观察可以发现，不同时间段，长江经济带农业碳排放效率马尔可夫转移矩阵中对角线上的数值要高于非对角线上的数据。说明长江经济带农业碳排放效率趋于维持现状，向其他类型转移的概率较小。数据显示，如果某个地级（直辖）市在初始时期处于类型 i，则之后仍处于该类型的概率最高为 67.68%，最低为 27.62%；如果某个地级（直辖）市在初始时期处于类型 i，则在随后年份转移到其他状态水平类型的概率最大为 30.48%。说明无论哪个时间段，长江经济带农业碳排放效率趋于维持现状的概率很小，而转移到其他状态水平类型的概率相对较大。即农业碳排放效率存在一定的流动性。

（2）各地级（直辖）市农业碳排放效率的转移不仅发生在相邻状态中，而且跨越式发展的现象相对较多。表现为从农业碳排放效率低水平类型转移到中低水平类型的最大概率（30.30％）、中高水平类型的最大概率（25.90％）、高水平类型的最大概率（21.58％），从中低水平类型转移到低水平类型的最大概率（30.48％）、中高水平类型的最大概率（21.90％）、高水平类型的最大概率（20.00％），从中高水平类型转移到低水平类型的最大概率（29.90％）、中低水平类型的最大概率（29.82％）、高水平类型的最大概率（22.68％），从高水平类型转移到低水平类型的最大概率（24.18％）、中低水平类型的最大概率（12.09％）、中高水平类型的最大概率（19.78％）。说明长江经济带农业碳排放效率的地级（直辖）市转移其他类型水平的概率较大（包括农业碳排放效率的地级（直辖）市从低的水平类型向高的水平类型转移和从高的水平类型向低的水平类型），发展不稳定。即农业碳排放效率的转移不仅发生在相邻状态水平类型中，也有不同状态水平类型间通过跨越式转移的现象。

（3）各地级（直辖）市农业碳排放效率保持原有的状态水平概率较低。从整个研究期间来看，各地级（直辖）市农业碳排放效率一直维持初始状态水平类型的概率最高为 67.68％，最低为 27.62％，即长江经济带农业碳排放效率的各地级（直辖）市保持处于低、中低、中高以及高水平类型的可能性较低。说明长江经济带各地级（直辖）市农业碳排放效率值变化不稳定，缺乏良性的农业生产条件使得长江经济带农业持续稳定的高质量发展。

与前文选取代表性年份类似，采用等间距法进行分析，选取 2012 年、2015 年、2018 年和 2020 年为代表性年份，采用 ArcGIS 10.1 软件画出农业碳排放效率分组情况图（图 5-6），可以更加直观体现长江经济带农业碳排放效率的集聚现象。从图中可以发现，随着时间的推移，农业碳排放效率处于不同状态水平类型的地级（直辖）市分布相对稳定。

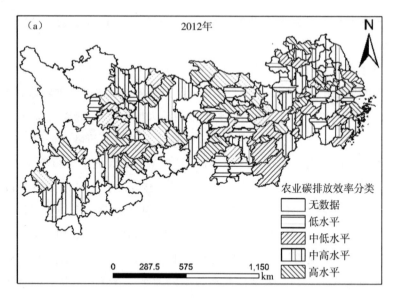

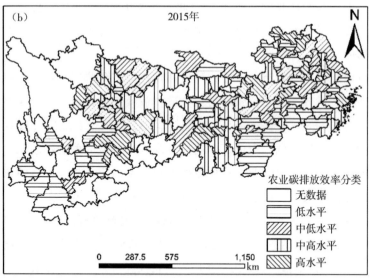

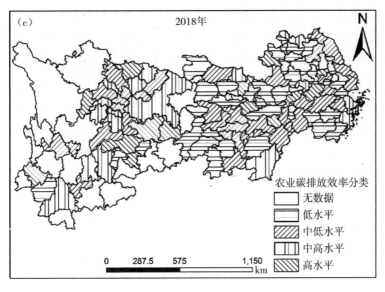

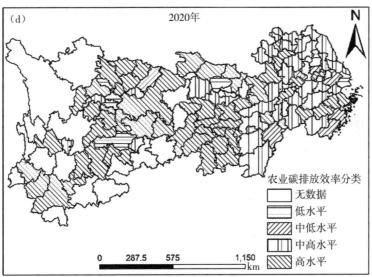

图 5-6　代表性年份长江经济带农业碳排放效率分组情况

表 5-12　长江经济带农业碳排放效率的初始分布与稳态分布概率

水平类型	低水平	中低水平	中高水平	高水平
初始分布	0.145 5	0.227 3	0.336 4	0.290 9
稳态分布	0.245 5	0.229 6	0.245 5	0.279 4

表 5-12 为长江经济带农业碳排放效率的初始分布与稳态分布概率，对初始分布和稳态分布比较可知，长江经济带农业碳排放效率处于低水平、中低水平和高水平类型的概率均增加，而处于中高水平类型的概率减小，说明稳态分布的最终状态是农业碳排放效率低水平、中低水平和高水平类型，但处于稳态分布状态时，长江经济带农业碳排放效率处于低水平、中低水平、中高水平和高水平等四种类型的地级（直辖）市分布相对较为均衡。从稳态分布来看，说明长江经济带农业碳排放效率增长的长期均衡状态依然分散于 4 种水平类型的状态空间中，若按照这种均匀分布的趋势变动，则各地级（直辖）市农业碳排放效率差异将会持续存在，且短期内无法实现均衡发展。

综上所述，2012—2020 年间长江经济带农业碳排放效率存在一定的流动性，形成了农业碳排放效率处于低、中低、中高以及高水平类型的集聚现象，即长江经济带农业碳排放效率增长的长期均衡状态依然分散于 4 种水平类型的状态空间中。说明长江经济带各地级（直辖）市农业碳排放效率趋异的状态在未来的很长一段时间内将持续存在。

5.7 本章小结

本章在测算农业碳排放效率的基础上，进一步考察了长江经济带农业碳排放效率的收敛性，得出主要结论如下：

第一，采用标准差和变异系数测算 2012—2020 年长江经济带农业碳排放效率的总体差异，发现农业碳排放效率水平总体差异随时间推移有扩大趋势，长江经济带农业碳排放效率不存在 δ 收敛性。

第二，通过对长江经济带农业碳排放效率绝对 β 收敛和条件 β 收敛检验，发现长江经济带各地级（直辖）市农业碳排放效率存在明显的绝对 β 收敛和条件 β 收敛。

第三，运用 $\log t$ 检验长江经济带农业碳排放效率发现不存在整体俱乐部收敛；采用非线性时变因子模型对各地级（直辖）市农业碳排放效率进行聚类识别，发现存在 6 个收敛的俱乐部和 1 个发散组。

第四，采用随机收敛方法对长江经济带农业碳排放效率进行检验。结果表明长江经济带各地级（直辖）市的农业碳排放效率差距并不是短期性的，各地级

（直辖）市农业碳排放效率的差距将会一直长期客观存在。

第五，根据核密度估计结果可知，农业碳排放效率水平分布的形态特征在年际间发生显著的变化。其中，核密度曲线波峰所对应长江经济带农业碳排放效率水平向右侧移动，其农业碳排放效率的核密度曲线波峰呈现减少趋势，核密度曲线波峰的高度总体在下降，左拖尾不断缩短，右拖尾不断拉长，核密度曲线的波峰呈现出由尖峰形向宽峰形转变的变化趋势。

第六，通过马尔可夫链方法分析长江经济带农业碳排放效率分布的状态转移发现，2012—2020 年间长江经济带农业碳排放效率存在一定的流动性，形成了农业碳排放效率处于低、中低、中高以及高水平类型的集聚现象，即农业碳排放效率增长的长期均衡状态依然分散于 4 种水平类型的状态空间中。说明长江经济带各地级（直辖）市农业碳排放效率趋异的状态在未来的很长一段时间内将持续存在。

第6章 长江经济带农业碳排放效率影响因素分析

通过第4章和第5章对长江经济带农业碳排放效率的评价和收敛性分析可知，长江经济带各地级（直辖）市之间农业碳排放效率存在较大差异，且差异不会随着时间推移而自动消失。是什么原因造成各地级（直辖）市之间农业碳排放效率存在的差异？如何促进长江经济带农业碳排放水平的提高？这是当前迫切需要解决的问题。本章就此展开了定量和定性研究，分析长江经济带农业碳排放效率的影响因素，为促进长江经济带农业生产与环境保护协调发展，提高农业高质量发展，全力推进长江经济带生态文明建设和地方政府科学制定决策提供理论依据。鉴于不同地级（直辖）市农业碳排放效率间的空间流动及其生产的空间效应，在探讨长江经济带农业碳排放效率的影响因素时，采用空间计量模型能够有效地捕捉这种空间效应，并掌握其规律。

本章结构安排如下：首先，检验长江经济带农业碳排放效率的空间相关性；其次，在文献整理的基础上阐述各影响因素对农业碳排放效率的影响机制；再次，介绍了各影响因素的定义、预期方向以及数据来源；然后，构建农业碳排放效率的空间计量模型，并对农业碳排放效率的影响因素进行回归分析；最后，对本章研究内容进行小结。

6.1 长江经济带农业碳排放效率的空间相关性检验

农业碳排放效率的影响因素及其作用机理通常采用计量模型进行实证分析，而经典的计量经济学仅要求各个解释变量之间相互独立，尚未考虑地区间的经济活动存在空间效应。根据地理学第一定律，不同地区经济活动存在着相互联系，地区间距离越近，联系越紧密（罗富民和段豫川，2013；胡晓琳，2016）。因此，采用经典计量模型分析农业碳排放效率的影响因素，将导致回归结果与现实不符。鉴于此，本章将空间效应（空间效应分为空间自相关和空间异质性）纳入农业碳排放效率的影响因素研究框架中，从而得出更加切合实际的结果。

在上述分析基础上，为了进一步明确长江经济带农业碳排放效率的空间相关性及其相关程度，本节将采用探索性空间数据分析（Exploratory Spatial Data Analysis，ESDA）方法对长江经济带农业碳排放效率的空间属性进行研究，旨在检验长江经济带各地级（直辖）市间的农业碳排放效率是否存在空间自相关性。具体步骤如下：首先，通过全局 Moran's I 指数的测算，从整体上描述长江经济带农业碳排放效率的空间自相关性，旨在探索农业碳排放效率在整体空间区域上的集聚趋势，但它不能反映各地级（直辖）市之间的空间依赖性；其次，利用 Moran's I 散点图、LISA 集聚图分析农业碳排放效率的空间异质性分布特征，弥补长江经济带各地级（直辖）市间内部空间分布不明晰的缺陷，掌握农业碳排放效率的空间集聚水平和显著性水平。经过上述检验，如果发现长江经济带农业碳排放效率存在空间相关性，则构建空间计量模型探讨农业碳排放效率的影响因素；如果不存在显著的空间相关性，则用传统计量模型进行影响因素分析。

6.1.1 空间相关性检验方法

长江经济带农业碳排放效率的空间相关性检验主要是从空间层面分析长江经济带农业碳排放效率的空间分布特征。探索性空间数据分析（ESDA）方法是用来检验空间相关性的常用方法，包括全局空间自相关和局部空间自相关两大类（Anselin et al.，2006；夏四友等，2021）。

1. 全局空间自相关

全局空间自相关描述地理现象或属性值在空间范围内的空间依赖程度，判断是否存在聚集特性，最常用的关联指标是全局 Moran's I 指数，计算公式（Sanjeev et al.，2007；孙宇和刘海滨，2020）如下：

$$I(d) = \frac{n \sum_{i=1}^{n} \sum_{j=1}^{n} w_{ij} (X_i - \overline{X})(X_j - \overline{X})}{\sum_{i=1}^{n} (X_i - \overline{X}) \sum_{i=1}^{n} \sum_{j=1}^{n} w_{ij}} \qquad (6.1)$$

式中，n 为地区数目；X_i 表示 i 某地级（直辖）市农业碳排放效率的观测值；$\overline{X}$ 表示农业碳排放效率的平均值（$\overline{X} = \frac{1}{n}\sum\limits_{i=1}^{n}X_i$）；$w_{ij}$ 为研究地区 i 与 j 之间的空间连接矩阵，表示空间单元间潜在的相互作用关系。Moran's I 值介于［－1，1］之间，如果其值大于零且通过显著性检验[①]，则表示各地级（直辖）市之间农业碳排放效率为空间正相关关系，空间实体呈聚合分布，表明各地级（直辖）市农业碳排放效率存在空间集聚效应；如果其值小于零且通过显著性检验，则表示各地级（直辖）市之间农业碳排放效率为空间负相关关系，空间实体呈离散分布，表明各地级（直辖）市之间农业碳排放效率存在扩散效应；如果其值等于零且通过显著性检验，则表示各地级（直辖）市之间农业碳排放效率互不关联，即农业碳排放效率的空间实体呈随机分布，不存在空间自相关性。总之，全局 Moran's I 指数能够反映长江经济带各地级（直辖）市之间空间自相关程度，其绝对值越大且通过显著性检验，表示各地级（直辖）市之间农业碳排放效率的空间相关程度越强；反之，则越弱（李婧等，2010；潘丹，2012；胡晓琳，2016）。

2. 局部空间自相关

局部空间自相关描述属性值在某个地区及其相邻地区之间的相似程度，揭示空间异质性分布特征，通常使用 Moran 散点图与局部空间关联指标（LISA）两种方法来进行局部空间自相关检验

（1）Moran 散点图

Moran 散点图是以每个地区观察值的离差为横坐标，以其空间滞后值为纵坐标，对空间滞后因子（z，W_z）进行二维可视化图示（潘丹，2012）。Moran 散点图把整个空间划分为四个象限，分别对应四种类型的局部空间关联模式。其中，第一象限为高-高（H-H）集聚类型，此象限中的点表示农业碳排放效率的地级（直辖）市被同是农业碳排放效率高的地级（直辖）市所包围的空间关联模

---

① 常用标准化统计量 Z 值来检验 n 个地级（直辖）市之间的农业碳排放效率的空间自相关性是否通过显著性。其计算公式为 $Z = \dfrac{\text{Moran's}I - E(I)}{\sqrt{\text{var}(I)}}$，当 $Z>0$ 且显著时，表明地级（直辖）市之间的农业碳排放效率的观测值存在正的空间自相关性，即相似的观测值趋于空间集聚；当 $Z<0$ 且显著时，表明其观测值存在负的空间自相关性，即相似的观测值趋于空间分散分布；当 $Z=0$ 时，表明其观测值相互独立且呈随机分布。

式；第二象限为低-高（L-H）集聚类型，此象限中的点表示农业碳排放效率低
的地级（直辖）市被农业碳排放效率高的地级（直辖）市所包围的空间关联模
式；第三象限为低-低（L-L）集聚类型，此象限中的点表示农业碳排放效率低的
地级（直辖）市被同是农业碳排放效率低的地级（直辖）市所包围的空间关联模
式；第四象限为高-低（H-L）集聚类型，此象限中的点表示农业碳排放效率高
的地级（直辖）市被农业碳排放效率低的地级（直辖）市所包围的空间关联模式
（潘丹，2012；王辰璇和姚佐文，2022）。由上述阐述可知，农业碳排放效率处于
第一象限和第三象限，则均表示具有正的空间相关性；而处于第二象限和第四象
限，则均表示具有负的空间相关性。

（2）局部空间关联指标（LISA）

局部空间关联指标不仅可以反映每个空间单元周围的局部空间聚集显著性，
而且 Moran's I 指数和与全局空间相关性统计量成比例（何江等，2006）。常采
用局部 Moran's I 指数来衡量局部空间联系指标，其计算公式如下：

$$I_i = \frac{x_j - \bar{x}}{S} \sum_{j=1}^{n} w_{ij} (x_j - \bar{x}) \tag{6.2}$$

式中，n、x_j、$\bar{x}$、Z 含义同全局 Moran's I 指数公式，$S = \dfrac{\sum\limits_{j=1, j \neq i}^{n} x_j^2}{n-1} - \bar{x}^2$，LISA

的 Z 检验为 $Z(I_i) = \dfrac{I_i - E(I_i)}{S(i)}$，且 $S(I_i) = \sqrt{\mathrm{var}(I_i)}$。

由计算公式可知，在给定显著性水平下，I_i 大于零表示存在正的局部空间自
相关，小于零表示存在负的局部空间自相关，其值等于零表示局部空间不相关。
LISA 聚集图用来识别局部空间集聚的冷热点，揭示空间奇异值（张利国等，
2018）。

因此，将 Moran 散点图和 LISA 的显著性结合起来，可以得到 LISA 聚集地
图，该图可以反映各地级（直辖）市在 Moran 散点图中所处的象限和 LISA 指标
的显著性（胡晓琳，2016；林锦彬等，2017）。

3. 空间权重矩阵构建

空间地理权重的设置，常用的主要有三种：邻接空间权重矩阵、地理距离空
间权重矩阵以及经济空间权重矩阵。其中，邻接空间权重矩阵中的元素 W_{ij} 在地
区 i 与地区 j 相邻，则取值为 1；反之，则为 0。地理距离空间权重矩阵由地理距

离平方的倒数构成，并采用地级（直辖）市之间的球面距离来表示地理距离。经济空间权重矩阵通常采用地区间 GDP 差值绝对值的倒数。在实证研究中，通常采用相邻性指标表示空间权重矩阵。

如果地区 i 与地区 j 之间不相邻，则 $W_{ij}=0$；如地区 i 与地区 j 之间相邻，则 $W_{ij}=1$，即

$$W_{ij}=\begin{cases}0, & \text{若地区 } i \text{ 与地区 } j \text{ 不相邻} \\ 1, & \text{若地区 } i \text{ 与地区 } j \text{ 相邻}\end{cases} \tag{6.3}$$

相邻关系可以分为以下三种：车相邻（Cook Contiguity），指两个相邻地区有共同的边；象相邻（Bishop Contiguity），指两个相邻地区有共同的顶点，但没有共同的边；后相邻（Queen Contiguity），指两个相邻地区有共同的边或顶点（陈强，2017）。为了更加合理地反映长江经济带各地级（直辖）市间的空间关联模式，可对 W_{ij} 进行标准化处理（图 6-1）。

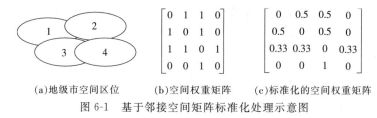

(a)地级市空间区位　　　(b)空间权重矩阵　　　(c)标准化的空间权重矩阵

图 6-1　基于邻接空间矩阵标准化处理示意图

6.1.2　空间相关性检验结果

1. 全局空间自相关检验结果

表 6-1 是基于一阶邻接权重矩阵的长江经济带农业碳排放效率的全局 Moran's I 指数结果。从表中的数据可以看出，2012—2020 年农业碳排放效率的全局 Moran's I 指数值各个年份为正，且通过 95% 显著性水平检验，即长江经济带在整体上表现出显著的空间正相关关系，即具有较高农业碳排放效率的地级（直辖）市相对趋于集聚，具有较低农业碳排放效率的各地级（直辖）市相对趋于集聚。说明长江经济带农业碳排放效率并非孤立、随机分布的，而存在空间依赖性和空间溢出效应。也进一步验证了长江经济带各地级（直辖）市农业碳排放效率不存在空间自相关性的原假设不成立。

表 6-1　2012—2020 年长江经济带农业碳排放效率全局 Moran's I 指数结果

年份	农业碳排放效率			
	Moran's I 指数	均值	标准差	P 值
2012	0.115 4	−0.010 2	0.055 6	0.017 0
2013	0.155 8	−0.009 1	0.056 0	0.005 0
2014	0.209 7	−0.010 1	0.056 5	0.002 0
2015	0.207 5	−0.009 1	0.056 9	0.002 0
2016	0.179 8	−0.008 8	0.057 0	0.001 0
2017	0.165 4	−0.010 4	0.056 5	0.003 0
2018	0.202 3	−0.009 9	0.056 7	0.002 0
2019	0.117 0	−0.009 9	0.057 1	0.021 0
2020	0.147 1	−0.010 9	0.056 8	0.006 0

2. 局部空间自相关检验结果

全局 Moran's I 指数测算结果说明长江经济带地级（直辖）市农业碳排放效率在整体上呈现显著的空间自相关性，但未能详细揭示哪些地级（直辖）市农业碳排放效率呈现高观测值（高-高集聚）、低观测值（低-低集聚）的空间集聚（潘丹，2012）以及哪些地级（直辖）市农业碳排放效率偏离了空间正相关性，呈现出低-高集聚或高-低集聚的现象（胡晓琳，2016）。因此，本部分采用代表性年份[①]的局部散点图和 LISA 聚集图来深入分析长江经济带地级（直辖）市农业碳排放效率的空间集聚特征，旨在确定各地级（直辖）市农业碳排放效率空间相关性。

---

① 本研究通过等间距法对 2012—2020 年长江经济带地级（直辖）市农业碳排放效率进行划分，以 2012 年为基期，每三年一个间隔抽取相关年份并将末年份 2020 年也纳入分析，最终选取 2012 年、2015 年、2018 年以及 2020 年为长江经济带地级（直辖）市农业碳排放效率的代表性年份。

表 6-2 农业碳排放效率散点图对应的长江经济带地级（直辖）市表（2012—2020 年）

	第一象限（H-H）	第二象限（L-H）	第三象限（L-L）	第四象限（H-L）
2012年	上海市、南京市、无锡市、徐州市、常州市、南通市、连云港市、淮安市、盐城市、镇江市、泰州市、宿迁市、杭州市、宁波市、温州市、嘉兴市、湖州市、绍兴市、金华市、衢州市、台州市、丽水市、合肥市、芜湖市、淮南市、马鞍山市、铜陵市、安庆市、黄山市、滁州市、阜阳市、宿州市、六安市、亳州市、池州市、宣城市、南昌市、景德镇市、萍乡市、九江市、新余市、鹰潭市、赣州市、吉安市、宜春市、抚州市、上饶市、武汉市、黄石市、鄂州市、荆州市、黄冈市、咸宁市、随州市、长沙市、株洲市、湘潭市、衡阳市、邵阳市、岳阳市、益阳市、郴州市、娄底市、重庆市、自贡市、德阳市、绵阳市、广元市、遂宁市、内江市、南充市、眉山市、广安市、达州市、资阳市、毕节市、昭通市	扬州市、舟山市、荆门市、常德市	—	十堰市、宜昌市、襄阳市、孝感市、张家界市、永州市、怀化市、成都市、攀枝花市、泸州市、乐山市、宜宾市、雅安市、巴中市、贵阳市、六盘水市、遵义市、安顺市、铜仁市、昆明市、曲靖市、玉溪市、保山市、普洱市、丽江市、临沧市
2015年	上海市、南京市、无锡市、盐城市、淮安市、徐州市、常州市、南通市、宿迁市、泰州市、扬州市、镇江市、杭州市、宁波市、温州市、湖州市、嘉兴市、绍兴市、金华市、衢州市、台州市、丽水市、合肥市、芜湖市、蚌埠市、淮南市、马鞍山市、铜陵市、安庆市、黄山市、滁州市、阜阳市、宿州市、六安市、亳州市、池州市、宣城市、南昌市、景德镇市、萍乡市、九江市、新余市、鹰潭市、赣州市、吉安市、宜春市、抚州市、上饶市、武汉市、黄石市、鄂州市、邵阳市、黄冈市、岳阳市、咸宁市、随州市、常德市、长沙市、株洲市、湘潭市、衡阳市、益阳市、郴州市、娄底市、成都市、泸州市、自贡市、内江市、乐山市、南充市、眉山市、六盘水市、贵阳市、安顺市、昭通市	舟山市、铜陵市	—	十堰市、宜昌市、襄阳市、荆门市、荆州市、孝感市、张家界市、永州市、怀化市、重庆市、攀枝花市、德阳市、绵阳市、广元市、遂宁市、广安市、巴中市、宜宾市、雅安市、遵义市、铜仁市、昆明市、曲靖市、玉溪市、保山市、丽江市、普洱市、临沧市

续表

	第一象限(H-H)	第二象限(L-H)	第三象限(L-L)	第四象限(H-L)
2018年	上海市、南京市、无锡市、徐州市、常州市、苏州市、南通市、连云港市、淮安市、盐城市、扬州市、镇江市、泰州市、宿迁市、杭州市、宁波市、温州市、湖州市、嘉兴市、绍兴市、金华市、衢州市、台州市、丽水市、合肥市、芜湖市、马鞍山市、淮南市、铜陵市、安庆市、黄山市、阜阳市、宿州市、六安市、亳州市、池州市、宣城市、南昌市、景德镇市、萍乡市、九江市、新余市、鹰潭市、赣州市、吉安市、宜春市、抚州市、上饶市、武汉市、黄石市、鄂州市、黄冈市、咸宁市、长沙市、株洲市、湘潭市、衡阳市、邵阳市、岳阳市、益阳市、郴州市、娄底市、成都市、自贡市、泸州市、内江市、乐山市、南充市、眉山市、广安市、达州市、巴中市、资阳市、贵阳市、毕节市、昭通市	舟山市、六盘水市	十堰市	宜昌市、襄阳市、荆门市、孝感市、荆州市、常德市、张家界市、重庆市、永州市、怀化市、攀枝花市、德阳市、广元市、绵阳市、宜宾市、雅安市、遵义市、安顺市、铜仁市、昆明市、曲靖市、玉溪市、保山市、丽江市、普洱市、临沧市
2020年	上海市、南京市、无锡市、徐州市、常州市、苏州市、南通市、连云港市、淮安市、盐城市、扬州市、镇江市、泰州市、宿迁市、杭州市、宁波市、温州市、湖州市、嘉兴市、绍兴市、金华市、衢州市、台州市、丽水市、合肥市、芜湖市、马鞍山市、淮南市、安庆市、黄山市、阜阳市、宿州市、六安市、亳州市、池州市、宣城市、南昌市、景德镇市、萍乡市、九江市、新余市、鹰潭市、赣州市、吉安市、宜春市、抚州市、上饶市、武汉市、黄石市、鄂州市、黄冈市、咸宁市、长沙市、株洲市、湘潭市、衡阳市、邵阳市、岳阳市、常德市、益阳市、郴州市、娄底市、怀化市、永州市、成都市、自贡市、泸州市、遂宁市、内江市、乐山市、南充市、眉山市、宜宾市、广安市、达州市、昭通市	舟山市、资阳市、毕节市	—	十堰市、宜昌市、孝感市、荆门市、荆州市、张家界市、重庆市、成都市、攀枝花市、德阳市、绵阳市、广元市、雅安市、遵义市、巴中市、六盘水市、安顺市、铜仁市、玉溪市、昆明市、曲靖市、保山市、丽江市、普洱市、临沧市

表 6-2 为主要代表年份长江经济带农业碳排放效率散点图所对应的地级（直辖）市。2012 年长江经济带有 79 个地级（直辖）市处于第一象限，其农业碳排放效率处于高-高集聚类型（H-H）；有 4 个地级（直辖）市处于第二象限，其农业碳排放效率处于低-高集聚类型（L-H）；没有地级（直辖）市处于第三象限，说明没有地级（直辖）市农业碳排放效率处于低-低集聚类型（L-L）；有 27 个地级（直辖）市处于第四象限，其农业碳排放效率处于高-低集聚类型（H-L）。2015 年长江经济带有 82 个地级（直辖）市处于第一象限，有 2 个地级（直辖）市处于第二象限，没有地级（直辖）市处于第三象限，有 26 个地级（直辖）市处于第四象限。2018 年长江经济带有 82 个地级（直辖）市处于第一象限，有 2 个地级（直辖）市处于第二象限，有 1 个地级（直辖）市处于第三象限，有 25 个地级（直辖）市处于第四象限。2020 年长江经济带有 80 个地级（直辖）市处于第一象限，有 3 个地级（直辖）市处于第二象限，没有地级（直辖）市处于第三象限，有 27 个地级（直辖）市处于第四象限。

由局部空间自相关检验方法可知，农业碳排放效率的地级（直辖）市处于第一象限和第三象限，则均表示具有正的空间相关性；而处于第二象限和第四象限，则均表示具有负的空间相关性。通过主要代表年份（2012 年、2015 年、2018 年和 2020 年）长江经济带农业碳排放效率的地级（直辖）市分布情况可知，农业碳排放效率在长江经济带主要呈现正的空间分布特征，且大部分年份的地级（直辖）市处于第一象限(H-H)和第三象限（L-L）。

图 6-2 为 2012 年、2015 年、2018 年和 2020 年长江经济带各地级（直辖）市农业碳排放效率的 LISA 集聚图。其中，2012 年长江经济带有 13 个地级市表现出显著的 LISA 集聚，其中九江市、黄石市、鄂州市、黄冈市、咸宁市、随州市、毕节市处于高-高聚集类型，张家界市、雅安市、保山市、丽江市、普洱市处于高-低聚集类型，安康市处于低-高聚集类型，没有地级市处于低-低集聚类型；2015 年有 21 个地级市表现出显著的 LISA 集聚，其中徐州市、连云港市、淮安市、泰州市、滁州市、宿州市、长沙市、株洲市、衡阳市、娄底市、泸州市、毕节市处于高-高聚集类型，十堰市、张家界市、攀枝花市、雅安市、昆明市、玉溪市、保山市、丽江市、普洱市处于高-低集聚类型，没有地级市处于低-高聚集和低-低聚集类型；2018 年有 13 个地级市表现出显著的 LISA 集聚，其中黄山市、九江市、上饶市、泸州市、南充市、眉山市、毕节市处于高-高聚集类

型，攀枝花市、雅安市、保山市、丽江市、普洱市处于高-低集聚类型，十堰市处于低-低聚集类型，没有地级市处于低-高聚集类型；2020 年有 15 个地级市表现出显著的 LISA 集聚，其中景德镇市、九江市、上饶市、衡阳市、娄底市、自贡市、泸州市、内江市、眉山市、宜宾市处于高-高聚集类型，十堰市、保山市、丽江市、普洱市处于高-低集聚类型，毕节市处于低-高聚集类型，没有地级市处于低-低聚集类型。从图中可以看出，高-低集聚类型的地级市主要分布长江经济带下游和中游地区，高-高、低-高集聚类型的地级市主要分布在长江经济带上游和中游地区，低-低集聚类型的地级市主要分布在长江经济带的中部地区。

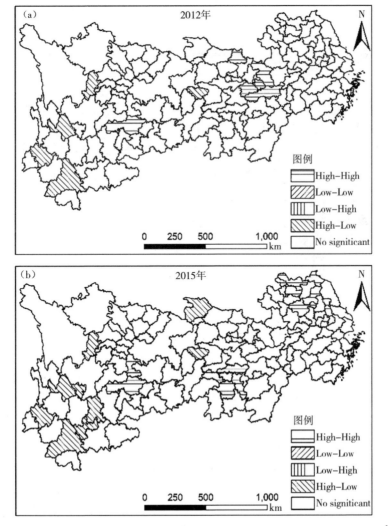

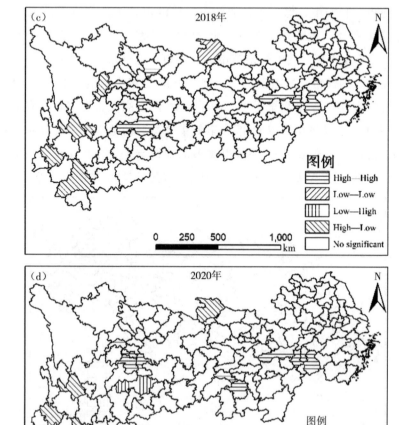

图 6-2　长江经济带农业碳排放效率的 LISA 集聚图（2012—2020 年）

　　综上所述，2012—2020 年长江经济带农业碳排放效率存在着显著的空间相关性，这进一步说明空间效应对农业碳排放效率有很大影响，忽视空间效应可能会对结果产生偏误。因此，将空间地理因素纳入农业碳排放效率影响因素分析框架中，重视地理因素的影响十分重要。鉴于此，笔者将运用空间计量经济学模型研究空间地理因素以及其他主要因素对长江经济带农业碳排放效率的影响。

6.2 长江经济带农业碳排放效率影响因素的理论框架分析

目前，国内外相关文献主要基于传统农业碳排放效率影响因素的研究，鲜有专门针对农业碳排放效率的理论和实证研究。根据第 4 章农业碳排放效率评价的框架结构以及效率测算的原理可知，提高农业产值、减少农业碳排放量、降低农业生产要素投入冗余等因素是提高农业碳排放效率的主要途径。结合当前关于农业碳排放效率影响因素的相关文献，本研究认为影响农业碳排放效率的可能因素主要有：空间地理因素、农业产业结构、作物种植结构、农业投资强度、财政支农力度、城镇化率、有效灌溉率、耕地规模化程度、产业集聚、农村用电量和农村居民人均收入。因此，上述变量对农业碳排放效率的影响机制如下：

（1）空间地理因素。由空间计量经济学理论可知，一个地区某种经济地理现象或某个属性值与其相邻地区同一经济地理现象或某个属性值存在空间相关关系。如果忽视了这种空间相关性，则会使得计量模型回归结果产生偏误（胡晓琳，2016），导致结论的误判，由此而提出的对策建议可能产生误导作用（吴玉鸣，2007）。

随着经济的快速发展，农业现代化水平也在不断提高，农业生产要素的空间流动性越来越频繁，农业碳排放效率水平的高低不仅依赖于自身，还受到邻近地区的农业碳排放效率的影响。因此，在进行农业碳排放效率影响因素分析时，考虑空间地理因素，有利于提高结果的准确性，促使提出的政策建议更具针对性。本研究预期空间地理因素对农业碳排放效率的影响为正。

（2）农业产业结构。农业由种植业、林业、畜牧业和渔业等四大产业部门构成（王梦晨，2020）。由于不同产业部门生产效率有所区别，其结构调整显然会影响农业碳排放效率。然而，农作物种植具有碳汇效应，农业生产依赖于农药、化肥等化学用品及化石能源的使用，并伴随大量温室气体排放，是农林牧渔各部门中的最大排放源，成为导致农业碳排放效率变化的重要原因。因此，预期农业产业结构对农业碳排放效率的影响方向为负。

（3）作物种植结构。农作物种植结构的调整不仅会使农地利用系统内部的碳循环过程产生变化，影响到农地利用系统的碳排放量，也会改变农业中间投入要素的消费情况，故农作物种植结构变化对农业碳减排和提升农业碳排放效率至关重要（冯颖和刘凡，2023）。从粮食总量的角度看，在粮食单产不变的条件下，粮食播种面积占比越大，越便于粮食规模化生产，有利于农业生产环境逐步改善和资源的合理利用，如有利于完善灌溉基础设施建设、提高粮食生产有效灌溉率以及减少农药化肥施用量，从而降低粮食生产投入要素和农业面源污染等标排放量，促进农业碳排放效率水平的提高。因此，预期作物种植结构对农业碳排放效率的影响方向为正。

（4）农业投资强度。关于农业投资强度对农业碳排放效率影响的观点主要包括两个方面。一方面，学者认为农业投资强度负向影响农业碳排放效率（吴昊玥等，2021），由于农业固定资产投资主要在基础设施、农业机械设备等方面。随着农业生产机械设备购置量不断增加，引起农业碳排放量的快速增长，不利于农业碳排放效率水平提高。另一方面，学者认为农业固定资产投资的时变效应较大，其对农业碳排放效率水平提高具有很大推动作用。认为随着研究区农业固定资产投资额的提高，农业生产技术水平和生产效率的将得到较大提高，农业碳减排效应将日益显著，推动农业碳排放效率水平（王妍，2017）。因此，农业投资强度对农业碳排放效率的影响方向有待进一步验证。

（5）财政支农力度。公共财理论表明，国家财政支农政策是影响农业增长的重要因素。财政支农政策通过对与农业生产有关的公共基础设施建设方面进行大量的投资，从而为农业生产提供资金支持（李焕彰和钱忠好，2004）。在财政支农政策对农业生产效率的影响方面，杨勇和李雪竹（2013）认为省级及其地级市等财政支农投入对农业碳排放效率的影响弹性显著为负，且沿边地区的负面效应要远高于沿海地区。也有学者认为财政支持政策将会改变农产品和粮食生产资料的相对价格，从而对农民的生产行为（如自然资源利用方式、农业生产结构选择、农业化学要素投入结构与数量等）产生影响，进而导致不同的环境效应。因此，农业碳排放效率的预期影响方向需要进一步的实证检验。

（6）城镇化率。随着工业化、城镇化水平的提高，大量农村劳动力不断从农村向城镇转移，使得城镇化率提高（王跃梅等，2013）。同时，农村人口数量的减少，进一步推动了农业生产的规模化和机械化发展水平的提高，有利于农业生产效率的提升（王欧等，2016；雷振丹等，2020）。但人口城镇化率提高的同时也改变了农村劳动力的年龄结构。由于城市经济发展水平高，就业机会多，大多青壮年劳动力选择进城务工，加上大学生要进城求学，留在农村从事农业生产的大部分都是老人和妇孺，导致从事农业生产的劳动力结构呈现出"老龄化""弱质化"等特点，无法完全满足农业现代发展的需求（陈锡文等，2011）。这对农业现代化发展中出现的新技术、新理念等在农村推广和应用起到了阻碍作用，不利于农业碳排放效率的提升。因此，城镇化率对农业碳排放效率的影响方向有待进一步验证。

（7）有效灌溉率。灌溉的作用除满足水分的需要外，还可以调节土壤温度、湿度、土壤空气和养分，有些灌溉形式还可以培肥地力和冲洗盐碱。然而农业灌溉对农业生产的影响具有双重性。一方面，灌溉过程将利用电能间接消耗化石燃料并产生碳排放，直接增加非期望产出，不利于农业碳排放效率水平的提高。另一方面，灌溉是农用生产的必要投入，有效灌溉率的提高意味着技术进步与农田水利设施的改善，其覆面与规模将直接影响作物的产出和收益，农业碳排放效率由投入、期望产出和农业碳排放量共同决定的，取决于增产与增排两种力量的对比。因此，有效灌溉率对农业碳排放效率的影响方向有待进一步验证。

（8）耕地规模化程度。农地适度规模经营是发展现代农业的必由之路（刘琼和肖海峰，2020）。目前，关于耕地规模对农业生产效率影响两种观点。一种观点认为大规模农业生产活动对环境污染问题越发，尤其是农业化学品和能源的投入使用，加剧了二氧化碳的排放，导致生态环境恶化，不利于农业碳排放效率水平的提升（刘凤芹，2006）。另一种观点认为农地规模经营有利于农业生产要素合理分配，减少成本的浪费和环境污染带来的负外部性，有利于提高农业碳排放效率水平（张忠明和钱文荣，2010；罗光强和姚旭兵，2019）。由上述分析可知，经营规模与农业碳排放效率之间关系并未达成共识。因此，耕地规模化程度对农业碳排放效率的影响方向需要进一步实证检验。

（9）产业集聚。产业集聚是指同一产业在某个特定地理区域内高度集中、产业资本要素在空间范围内不断汇聚的一个过程。国内外学者对于产业集聚与环境污染关系的研究，主要有两种观点，一种观点认为产业集聚具有负环境外部性，产业集聚发展到一定程度后会产生"拥挤效应"，带来污染物的增加；另一种观点则认为产业集聚具有正环境外部性，产业集聚可以带来技术创新和溢出效应，促进产业内企业采用更多的环保生产技术，进而有助于减少污染（胡中应和胡浩，2016）。然而，也有学者程琳琳等（2018）农业产业集聚度与农业碳效率呈现倒"U"关系。另外，随着现代科技的不断发展和我国政府对环境污染的高度重视，产业集聚的发展也可能会提高资源利用效率和减少污染排放（潘丹，2012）。因此，预期产业集聚对农业碳排放效率的影响方向需要进一步实证检验。

（10）农村用电量。农村用电量一定程度上反映了农业生产的基础条件。农业农村发展离不开电力的有力支持，如农业灌溉活动在很大程度上就会对电能产生依赖，农村用电量增加有助于完善农业生产基础设施，提高农业机械化水平，加快农业生产规模化。另外，随着农业现代化步伐的加快，电能也正逐步取代以柴油为代表的农用能源，成为农业生产的重要动力支撑。虽然用电过程中也会导致温室气体排放，但其作用强度低于农用能源的大量使用（田云和王梦晨，2020）。同时农业生产规模化在农业生产要素合理分配的条件下可以降低原材料的损耗，减少单位面积污染物的排放，从而有利于农业碳排放效率的提高。因此，在一定的范围内，农村用电量越高，农业碳排放效率将越高。

（11）农村居民人均收入。农村居民人均收入水平反映出各地级（直辖）市农村居民的经济发展水平差异。因此，它是呈现农业农村发展水平的重要指标。通常来说，经济水平越高的地区，农业生产会倾向于资本密集型而非劳动力密集型，农用物资投入量相对较高，客观上会导致温室气体排放绝对数量的增加。然而，随着农业资投入的增加有利于农业现代化步伐的加快，进而使得农业产出水平得到提升。因此，通过农村居民人均收入衡量农村经济发展水平能否促进农业碳排放效率提升将取决于碳增量与农业产出水平各自的作用力大小。因此，农村居民人均收入对农业碳排放效率的影响方向有待进一步验证。

6.3　变量与数据

6.3.1　变量处理与数据来源

（1）农业产业结构。由于与其他产业相比，种植业单位产值所引发的碳排放量相对较高，因此，农业产业结构对碳排放效率的影响不容忽视。在此基础上，本研究用某地级（直辖）市农业总产值除以农林牧渔总产值表示复种指数。为了缓解异方差现象，对农业产业结构进行对数处理，用符号 lnAs 表示。原始数据来源于历年的长江经济带各地级（直辖）市统计年鉴。

（2）作物种植结构。用某地级（直辖）市粮食播种面积除以农作物播种面积表示作物种植结构，对作物种植结构比进行对数处理，用符号 lnCs 表示。原始数据来源于历年的长江经济带各地级（直辖）市统计年鉴及各地级（直辖）市国民经济和社会发展统计公报。

（3）农业投资强度。用某地级（直辖）市农业固定资产投资除以作物种植面积表示，对农业投资强度进行对数处理，用符号 $\ln Ai$ 表示。原始数据来源于历年的长江经济带各地级（直辖）市统计年鉴及各地级（直辖）市国民经济和社会发展统计公报。

（4）财政支农力度。地方性财政支农政策对于一个地区的农业生产至关重要。在现有文献研究的基础上，根据对现有地级（直辖）市财政数据可获得性以及变量选取的合理性，本研究采用各地级（直辖）市的农林水务支出与财政总支出的比重来表示财政支农力度。其中农林水务支出包括农业、林业、水利、南水北调、扶贫、农业综合开发、和其他农林水事务支出的合计数表示，财政总支出为地方政府的一般预算支出。为了缓解异方差现象，对财政支农力度进行对数处理，用符号 $\ln Fsa$ 表示。原始数据来源于历年的长江经济带各地级（直辖）市统计年鉴以及各地级（直辖）市农林水务局。

（5）城镇化率。城镇化率反映人口向城市聚集的过程和聚集程度。本研究参考学者余凤龙（2014）和张彧泽（2014）等学者做法，选取城镇人口占总人口比重作为城镇化率的指标。由于全国人口普查每十年进行一次得到的城镇化率不能够满足本研究的时期跨度，并考虑到常住人口数据可获得性，本研究采用户籍城镇化率来替代。为了缓解异方差现象，对城镇化率进行对数处理，用符号 $\ln Ur$ 表示。原始数据来源于历年的长江经济带各地级（直辖）市统计年鉴。

（6）有效灌溉率。用于某地级（直辖）市有效灌溉面积除以耕地面积表示，一定程度上反映了农业生产条件。为了缓解异方差现象，对有效灌溉率进行对数处理，用符号 $\ln Eir$ 表示。原始数据来源于历年的长江经济带各地级（直辖）市统计年鉴以及各地级（直辖）市国民经济和社会发展统计公报。

（7）耕地规模化程度。耕地规模化程度反映农业从业人员从事农业生产的能力。用某地级（直辖）市农业播种面积除以农业从业人数表示（由于长江经济带各地级（直辖）市耕地面积数据缺失比较严重。因此，本研究采用农业播种面积替代耕地面积）。耕地规模能较为客观地反映种植业发展态势，规模增加，农作物播种面积就有可能扩大，反之则可能减少。为了缓解异方差现象，对耕地规模化程度进行对数处理，这不会对变量之间的协整关系产生影响，而且还会消除耕地规模化程度绝对数与被解释变量在量纲上的差别，用符号 $\ln Sc$ 表示。原始数据来源于历年的长江经济带各地级（直辖）市统计年鉴。

（8）产业集聚。本研究采用区位熵指数来度量长江经济带各地级（直辖）市的农业产业集聚程度，其计算公式如下。

$$Ia_{im} = \frac{Q_{im}/Q_i}{Q_m/Q} \tag{6.4}$$

式中，Ia_{im} 表示 i 地级（直辖）市农业产业 m 的区位熵指数；Q_{im} 表示 i 地级（直辖）市农业产业的产值；Q_i 表示 i 地级（直辖）市农业产业的总产值；Q_m 表示长江经济带各地级（直辖）市农业产业 m 的产值；Q 表长江经济带农业产业的总产值。若 Ia_{im} 大于 1，则说明农业在 i 地级（直辖）市的集聚程度较高，表明该地级（直辖）市的专业化程度超过了长江经济带整体的平均水平；若 Ia_{im} 小于 1，则说明农业在 i 地级（直辖）市的集聚程度较低，表明该地级（直辖）市农业的专业化程度低于长江经济带农业整体的平均水平。为了缓解异方差现象，对产业集聚值进行对数处理，用符号 $\ln Agg$ 表示。数据来源于历年《中国城市统计年鉴》、长江经济带各地级（直辖）市统计年鉴以及国民经济和社会发展统计公报。

（9）农村用电量。反映农村居民将家电用于农业生产的基本情况。为了缓解异方差现象，对农村用电量进行对数处理，用符号 $\ln Rpc$ 表示。原始数据来源于历年的长江经济带各地级（直辖）市统计年鉴。

（10）农村居民人均收入。反映了农村经济发展水平和农民日常生活水准，农村经济发展水平一定程度上决定农业发展高度。为了缓解异方差现象，对农村居民人均收入进行对数处理，用符号 $\ln Pcirr$ 表示。原始数据来源于历年的长江经济带各地级（直辖）市统计年鉴以及各地级（直辖）市国民经济和社会发展统计公报。

6.3.2 变量的多重共性检验

为了避免回归模型中解释变量之间存在高度相关性使得模型估计失真或估计不准确，对各地级（直辖）市的农业产业结构、作物种植结构、农业投资强度、财政支农力度、城镇化率、有效灌溉率、耕地规模化程度、产业集聚程度、农村用电量和农村居民人均收入等解释变量进行多重共线性检验。结果如表 6-3 所示，其中，农村用电量与农村居民人均收入之间的相关性系数最大，为0.433 4。一般来说，两个解释变量的相关系数越接近1.000 0，则相关性越强。因此，从表中各解释变量之间的相关系数可知，各解释变量之间不存在明显的多重共线性问题。

表 6-3　长江经济带农业碳排放效率的影响因素的多重共线性检验

变量	$\ln As$	$\ln Cs$	$\ln Ai$	$\ln Fsa$	$\ln Ur$	$\ln Eir$	$\ln Sc$	$\ln Agg$	$\ln Rpc$	$\ln Pcirr$
$\ln As$	1.000 0									
$\ln Cs$	0.032 0	1.000 0								
$\ln Ai$	0.153 7	0.290 4	1.000 0							
$\ln Fsa$	−0.007 5	−0.014 3	−0.048 2	1.000 0						
$\ln Ur$	0.017 7	−0.343 7	−0.233 1	−0.281 3	1.000 0					
$\ln Eir$	−0.040 0	0.091 6	−0.032 2	−0.176 3	0.301 9	1.000 0				
$\ln Sc$	0.004 6	0.221 2	0.160 7	0.001 3	0.006 9	−0.047 8	1.000 0			
$\ln Agg$	0.997 6	0.038 8	0.169 0	−0.011 6	0.009 0	−0.046 9	0.000 1	1.000 0		
$\ln Rpc$	0.068 4	−0.106 8	0.014 5	−0.161 3	0.385 0	0.381 3	−0.088 1	0.065 5	1.000 0	
$\ln Pcirr$	0.097 4	−0.250 9	−0.237 5	−0.123 3	0.542 1	0.292 3	0.026 1	0.082 8	0.433 4	1.000 0

6.3.3　变量的平稳性检验

由表6-4可知，当对各解释变量的显著性水平值进行检验时，检验结果表明所有解释变量的一阶差分均在1%的显著性水平下通过 ADF-Fisher 检验、PP-Fisher 检验、IPS 检验、Breitung 检验和 LLC 检验等 5 种面板单位根检验。由此可知，长江经济带农业碳排放效率的影响因素均为一阶单整序列，可以对各面板数据序列进行计量回归分析。

表 6-4　长江经济带农业碳排放效率的影响因素的平稳性检验

变量	ADF-Fisher 检验	PP-Fisher 检验	IPS 检验	Breitung 检验	LLC 检验	是否平稳
$\ln As$	10.469 3***	8.756 3***	−8.732 5***	−4.057 5***	−11.633 5***	是
$\ln Cs$	11.421 3***	11.230 6***	−6.304 9***	−3.720 7***	−28.072 2***	是
$\ln Ai$	4.267 4***	28.668 4***	−5.405 9***	−8.621 4***	−7.188 7***	是
$\ln Fsa$	9.785 9***	8.289 6***	−7.335 5***	−11.801 9***	−13.921 6***	是
$\ln Ur$	31.911 2***	6.551 9***	−13.488 7***	−9.920 6***	−14.214 1***	是

续表

变量	ADF-Fisher 检验	PP-Fisher 检验	IPS 检验	Breitung 检验	LLC 检验	是否平稳
lnEir	52.392 6***	41.128 0***	−8.665 6***	−4.394 3***	−10.579 5***	是
lnSc	26.347 9***	6.429 7***	−12.972 9***	−13.873 8***	−18.901 5***	是
lnAgg	7.307 8***	13.297 8***	−10.114 2 ***	−12.159 3***	−14.271 2***	是
lnRpc	20.630 1***	13.494 6***	−30.168 9***	−20.909 5***	−16.674 7***	是
ln$Pcirr$	10.488 1***	2.774 0***	−3.267 9***	− 9.452 0***	− 6.079 1***	是

注：*、**、***分别表示在10%、5%、1%水平下通过显著性检验。

6.4　空间面板计量方法

6.4.1　空间面板计量模型概述

空间计量经济学是在传统计量经济学的基础上引入了空间效应，创造性地处理了传统计量方法在面对空间数据时的缺陷，考察了数据在地理观测值之间的关联。它由美国经济学家 Paelinck & Klaassen（1979）首次提出，他们认为空间计量经济学的研究领域主要包括计量模型中的空间相关性问题、空间关系的非对称性问题、空间距离解释因子问题、事前与事后联系的差异问题以及空间建模问题。Anselin（1988）认为空间计量经济学是在对空间效应恰当设定的基础上，对空间计量模型进行一系列的设定、估计、检验与预测的计量经济学方法，该定义被经济学界广泛接受。随着计量模型的不断改进，空间计量经济学快速发展，并在经济学实证研究中得到广泛应用。

近年来，空间计量方法已经扩展到了面板数据，面板数据与截面数据相比，涵盖的信息量更大，基于面板数据的空间计量模型与基于截面数据的计量模型相比，更贴近现实状况。根据空间计量模型的分类，空间面板计量模型可相应分为：空间面板滞后模型（或空间面板自回归模型）和空间面板误差模型。

（1）空间面板滞后模型（SLM Panel），也称空间面板自回归模型（SAR Panel），通过研究因变量之间的相关性，探讨因变量的空间溢出效应或邻居扩散效应，其基本形式如下：

$$\begin{cases} Y_{it} = \rho W Y_{it} + X_{it}\beta + u + \mu_{it} \\ \mu_{it} \sim N(0, \sigma^2 I_n) \end{cases} \tag{6.5}$$

式中，i 表示地区；t 表示时间；Y_{it} 为被解释变量；X_{it} 是 $n \times k$ 阶外生解释变量矩阵；ρ 是空间自回归系数，能够反映被解释变量的空间交互效应大小，取值范围为 $[-1, 1]$；W 是 $n \times n$ 的空间权重矩阵；$W Y_{it}$ 是因变量的空间自回归项，属于内生变量，可以反映空间关系对农业碳排放效率的影响；β 是解释变量 X_{it} 的回归系数；u 表示回归模型中的个体效应；μ_{it} 是服从正态分布的随机误差项。

（2）空间面板误差模型（SEM Panel）强调了空间异质性的存在，认为因变量之间的空间相关性是由于区域间随机冲击导致的，存在于不可观测的随机误差项当中，其基本形式如下：

$$Y_{it} = X_{it}\beta + u + \mu_{it} \tag{6.6}$$

$$\begin{cases} \mu_{it} = \lambda W \mu_{it} + \varepsilon_{it} \\ \varepsilon_{it} \sim N(0, \sigma^2 I_n) \end{cases} \tag{6.7}$$

式中，i 表示地区，t 表示时间，Y_{it} 为被解释变量，X_{it} 是 $n \times k$ 阶外生解释变量矩阵，λ 是随机误差项 μ_{it} 的空间自回归系数，W 是 $n \times n$ 的空间权重矩阵，$W \mu_{it}$ 是随机误差项的空间自回归项，β 是解释变量 X_{it} 的回归系数，u 表示回归模型中的个体效应，ε_{it} 表示服从正态分布的随机误差项。

6.4.2 空间面板计量模型的估计方法

传统计量模型假设变量之间是绝对独立的，而空间计量模型考虑空间交互性，被解释变量和解释变量具有内生性，因此，使用传统的最小二乘法（OLS）进行估计结果会产生偏差，需要选择其他合适的方法进行估计。本研究运用 Anselin（1988）提出的最大似然估计法（ML）对空间面板自回归模型（SAR-Panel）进行参数估计。下面详细介绍最大似然估计法（ML）的数学原理和计算过程。

首先，对式（6.5）进行转换：

$$(I_n - \rho W) Y_{it} = X_{it}\beta + u + \mu_{it} \tag{6.8}$$

然后，将上式对 t（$t = 1, 2, \cdots, T$）求和后再除以 T，得

$$(I_n - \rho W) \frac{1}{T} \sum_{t=1}^{T} Y_{it} = \frac{1}{T} \sum_{t=1}^{T} X_{it}\beta + \frac{1}{T} \sum_{t=1}^{T} u + \frac{1}{T} \sum_{t=1}^{T} \mu_{it} \tag{6.9}$$

接着，做如下设定：

$$\overline{Y_i} = \frac{1}{T}\sum_{t=1}^{T} Y_{it} , \overline{X_i} = \frac{1}{T}\sum_{t=1}^{T} X_{it} , \overline{\mu_i} = \frac{1}{T}\sum_{t=1}^{T} \mu_{it}$$

将式（6.8）减去式（6.9），可得

$$(I_n - \rho W)(Y_{it} - \overline{Y_i}) = (X_{it} - \overline{X_i})\beta + (\mu_{it} - \overline{\mu_i}) \tag{6.10}$$

令 $A_t = Y_t - \overline{Y}$，$B_t = X_t - \overline{X}$，并假设 A_t 相互独立，可得其联合分布的似然函数公式如下：

$$L\left(A_1, A_2, \cdots, A_T \middle| \rho, \beta, \frac{T-1}{T}\sigma^2\right) = \left(\frac{1}{(2\pi)^{n/2} |\xi|^{1/2}}\right)^T \cdot$$

$$\exp\left\{-\frac{T}{2(T-1)\sigma^2}\sum_{t=1}^{T}\left[(I_n - \rho W)A_t - B_t\beta\right]\left[(I_n - \rho W)A_t - B_t\beta\right]\right\} \tag{6.11}$$

将上式两边取对数，可求得其最大化条件如下：

$$\sigma^2 = \frac{\sum_{t=1}^{T}\left[(I_n - \rho W)A_t - B_t\beta\right]'\left[(I_n - \rho W)A_t - B_t\beta\right]}{n(T-1)} \tag{6.12}$$

6.4.3　空间面板计量模型的选择

在运用空间面板计量模型进行影响因素分析之前，需要通过相应的检验来选择合适的模型。模型的适用性检验主要分为两部分：一是使用 Hausman 检验来判断采用固定效应模型还是随机效应模型；二是使用普通面板回归的残差进行空间计量检验来判断采用空间面板自回归模型还是空间面板误差模型。

（1）固定效应模型与随机效应模型的选择。如果 Hausman 检验统计量的显著性水平小于 5%，则拒绝原假设，选择固定效应模型；否则，选择随机效应模型。

（2）空间面板自回归模型与空间面板误差模型的选择。采用传统的最小二乘法（OLS）进行回归，检验残差的空间相关性，并分析 LMSAR 和 LMSEM 的显著性。如果二者都不显著，则采用传统的最小二乘法（OLS）进行回归；如果 LMSAR 显著，则采用空间面板自回归模型；如果 LMSEM 显著，则采用空间面板误差模型；如果二者都显著，则继续分析 Robust LMSAR 和 Robust LMSEM 的显著性。如果 Robust LMSAR 比 Robust LMSEM 更显著，则采用空间面板自回归模型；反之，则采用空间面板误差模型。

6.5 长江经济带农业碳排放效率影响因素的空间面板估计

本节采用 2012—2020 年长江经济带 110 个地级（直辖）市农业生产的面板数据构建空间计量经济模型，旨在分析各影响因素对长江经济带农业碳排放效率的影响机理。以各地级（直辖）市农业碳排放效率的对数（$\ln ML$）分别作为被解释变量；以各地级（直辖）市农业产业结构的对数（$\ln As$），作物种植结构的对数（$\ln Cs$），农业投资强度的对数（$\ln Ai$），财政支农力度的对数（$\ln Fsa$），城镇化率的对数（$\ln Ur$），有效灌溉率的对数（$\ln Eir$），耕地规模化程度的对数（$\ln Sc$），产业集聚的对数（$\ln Agg$），农村用电量的对数（$\ln Rpc$）和农村居民人均收入的对数（$\ln Pcirr$）作为解释变量构建空间计量模型的回归分析框架。为了回归结果更加可靠，还运用地理距离空间权重矩阵和经济距离空间权重矩阵两种不同的权重矩阵对回归结果进行检验，以确保空间计量回归结果是稳健的。

6.5.1 空间面板模型检验和模型选择

为了选择合理的空间计量模型，在进行空间面板实证分析之前需要做两方面的工作：其一，确定面板回归模型选择固定效应还是随机效应；其二，在前者确定的基础上，选择合适的空间面板模型（空间面板自回归模型或空间面板误差模型）。

表 6-5　空间面板模型固定效应和随机效应的检验

Hausman 检验	农业碳排放效率	
	统计值	P 值
SAR	15.510 0	0.007 8
SEM	27.110 0	0.002 5

表 6-5 列出了长江经济带农业碳排放效率的空间面板自回归模型（SAR 模型）和空间面板误差模型（SEM 模型）的 Hausman 检验结果。其中，农业碳排放效率的 SAR 和 SEM 模型的 Hausman 检验统计值分别为 15.510 0 和 27.110 0，均通过 1% 水平下通过显著性检验。通过以上分析可知，农业碳排放效率拒绝原假设（P 值大于 0.05），表明选择固定效应的空间计量模型更加适合。

表6-6　空间面板自回归模型与空间面板误差模型的空间效应检验

检验	农业碳排放效率	
	统计值	P 值
Moran's I	9.643 0***	0.000 0
LMSAR	93.962 0***	0.000 0
LMSEM	88.108 0***	0.000 0
Robust LMSAR	7.356 0***	0.007 0
Robust LMSEM	1.502 0	0.220 0

注:*、**、***分别表示变量在10%、5%、1%水平下通过显著性检验。

在基于固定效应的空间计量模型基础上，继续对两种空间计量模型进行
LMSAR、LMSEM、Robust LMSAR、Robust LMSEM检验，结果如表6-6所
示，表中列出了农业碳排放效率的空间面板自回归模型和空间面板误差模型的
Moran's I 指数、残差的拉格朗日乘子（Lagrange Multiplier，LM）及其稳健性
（Robust Lagrange multiplier，Robust LM）检验的结果。结果显示：农业碳排
放效率的 Moran's I 指数的统计值分别为9.643 0，且在1%水平下通过显著性检
验，进一步验证了农业碳排放效率具有空间效应；农业碳排放效率的 LMSAR 的
统计值为93.962 0，且在1%水平下通过显著性检验，LMSEM 的统计值为
88.108 0，且在1%水平下通过显著性检验；农业碳排放效率的 Robust LMSAR
的统计值为7.356 0，且在1%水平下通过显著性检验，Robust LMSEM 的统计
值为1.502 0，且其显著性水平为22%。由此可见，空间面板自回归模型相对于
空间面板误差模型更为稳健，因此，选择构建空间面板自回归模型更为合适。

6.5.2　空间面板模型估计结果

在上文选择空间面板自回归模型的基础上，采用 Stata 15.0 软件对长江经济
带农业碳排放效率的影响因素进行空间面板模型估计，如表6-7所示。其中，回
归结果是基于空间邻接权重矩阵的农业碳排放效率的空间面板自回归模型的估计
结果；模型Ⅰ、模型Ⅱ、模型Ⅲ、模型Ⅳ分别基于空间面板的无固定效应、空间
固定效应、时间固定效应、时间空间双向固定效应。

表 6-7 基于 SAR 模型的长江经济带农业碳排放效率的空间计量估计结果

变量	模型Ⅰ 无固定效应		模型Ⅱ 空间固定效应		模型Ⅲ 时间固定效应		模型Ⅳ 双向固定效应	
	回归系数	T 值	回归系数	T 值	回归系数	T 值	回归系数	T 值
$\ln As$	-0.577 5***	-3.280 0	-0.657 5***	-3.800 0	-0.314 8**	-2.490 0	-0.518 0***	-2.710 0
$\ln Cs$	0.068 1**	2.180 0	0.036 0*	1.710 0	0.063 4***	3.050 0	0.041 4	1.010 0
$\ln Ai$	-0.559 7	-0.810 0	-0.396 5**	-2.110 0	-0.732 2	-1.520 0	-0.112 4	-1.360 0
$\ln Fsa$	0.126 0	1.110 0	0.011 7	0.870 0	0.078 5	1.030 0	0.017 8	1.340 0
$\ln Ur$	0.179 0	0.380 0	0.143 2	1.620 0	0.113 7	0.370 0	0.481 0	0.490 0
$\ln Eir$	0.490 0	0.520 0	0.101 8	0.420 0	0.360 6	0.580 0	-0.128 7	-0.510 0
$\ln Sc$	-0.281 0	-0.220 0	0.622 1**	2.240 0	-0.505 9	-0.600 0	0.046 0	1.610 0
$\ln Agg$	0.615 9***	3.520 0	0.674 0***	3.910 0	0.343 5***	2.730 0	0.542 4***	2.860 0
$\ln Rpc$	-0.109 9**	-2.530 0	-0.056 7	-1.340 0	-0.037 2	-1.150 0	-0.045 7	-1.060 0
$\ln Pcirr$	-0.137 5	-0.660 0	-0.040 8	-1.600 0	-0.039 9**	-2.010 0	-0.051 0	-1.330 0
ρ	0.245 4***		0.530 2***		0.257 9***		0.250 6***	
R^2	0.259 0		0.420 0		0.269 7		0.284 0	
$\log L$	304.664 0		638.577 1		584.873 9		662.017 6	
AIC	-581.327 9		-1 253.154 0		-1 145.748 0		-1 300.035 0	
BIC	-512.760 0		-1 194.382 0		-1 086.975 0		-1 241.263 0	

注：*、**、*** 分别表示在 10%、5%、1% 水平下通过显著性检验。

从模型解释变量的回归系数来看，模型Ⅱ（空间固定效应模型）各个解释变量的回归系数大部分通过显著性检验。总的来说，模型Ⅱ要优于模型Ⅲ（时间固定效应模型）、模型Ⅳ（时间空间双向固定效应模型）。另外，模型Ⅱ的 AIC 和 BIC 值均低于模型Ⅲ，R^2 均高于模型Ⅲ和模型Ⅳ。由第 4 章可知，长江经济带农业碳排放效率存在明显地级（直辖）市之间差异，如果忽视地级（直辖）市之间的差异，模型估计结果显然会出现偏差。在空间面板自回归模型中，模型Ⅰ（无固定效应模型）是假定各地级（直辖）市之间具有相同的农业碳排放效率水平，显然忽视了长江经济带农业碳排放效率的地区性差异；模型Ⅲ（时间固定效应模型）考虑了时间的影响，但同样忽视了长江经济带农业碳排放效率的地区性差异影响，模型估计结果也会显示出不同程度的偏差；模型Ⅳ（双向固定效应模型）考虑了农业碳排放效率的地区差异与时间的影响，理论上避免了因时间和地区差异而产生的估计结果偏差，但从表 6-7 的空间计量估计结果来看，模型Ⅳ的 R^2 低于模型Ⅱ，同时 ρ 低于模型Ⅱ，表明在模型Ⅱ、模型Ⅳ中，模型Ⅳ要劣于模型Ⅱ。这可能由于时间固定效应不仅对农业碳排放效率的当期有影响，对若干期仍然具有辐射作用（潘丹，2012），同时在地区差异的背景下，使得双向固定效应模型估计结果并不优于空间固定效应模型。由上述分析可知，选择固定效应的空间面板自回归模型更为恰当。

6.5.3　空间面板模型估计结果的稳健性检验

由于长江经济带各地级（直辖）市内部间农业碳排放效率具体相互作用无法知晓，那么上述实证选择的空间权重是否能够反映实际情况，需要进一步对此空间计量回归结果进行稳健性检验。因此，下文通过变化空间权重矩阵来考察各影响因素的回归系数符号与显著性等情况来判断上述空间计量回归结果是否具有稳健性。分别采用了地理距离空间权重矩阵和经济距离空间权重矩阵两种不同的权重矩阵，具体方法如下所示：

$$W_{ij} = \begin{cases} \dfrac{1}{d_{ij}^2}, & i \neq j \\ 0, & i = j \end{cases} \tag{6.13}$$

式中，W_{ij} 为地理距离空间权重矩阵（刘华军和杨骞，2014；Schlitte & Paas，2008），该权重矩阵的构建符合地理学第一定律（Tobler，1970）。其中，d_{ij} 表示地级（直辖）市 i 和 j 之间的球面距离。

$$W_{ij}^{\cdot} = \begin{cases} \dfrac{d_{\min}}{d_{ij}}, & i \neq j \\ 0, & i = j \end{cases} \tag{6.14}$$

式中，$W_{ij}^{\cdot}$ 为距离空间权重矩阵（陈晓，2019），根据不同地级（直辖）市之间的距离大小来反映两者的空间相关程度；$d_{\min}$ 表示各地级（直辖）市之间的球面最短距离；d_{ij} 表示地级（直辖）市 i 和 j 之间的球面距离。

$$E_{ij} = \begin{cases} \dfrac{1}{|\overline{G_i} - \overline{G_j}|}, & i \neq j \\ 0, & i = j \end{cases} \tag{6.15}$$

式中，E_{ij} 表示经济-社会关系的空间权重矩阵，由于地理因素并不是产生空间效应的唯一因素，也可以利用经济-社会关系的相关信息构建空间权重矩阵（王守坤，2013），反映了不同地级（直辖）市之间经济差异性。其中，$\overline{G_i}$ 和 $\overline{G_j}$ 分别表示年际间地级（直辖）市 i 和 j 人均 GDP 的平均值。

$$W_{ij}^{*} = W_{ij}^{\cdot} \times E_{ij} \tag{6.16}$$

式中，W_{ij}^{*} 为经济距离空间权重矩阵（Blonigen etal.，2007；胡晓琳，2016），该权重矩阵将不同地级（直辖）市的经济发展联系在一起，其目的在于考察各地级（直辖）市经济发展的相互作用对农业碳排放效率的影响。

地理距离空间权重矩阵和经济距离空间权重矩阵均能保证随着不同地级（直辖）市之间的距离越远，其权重矩阵中的数值越小。将两种权重进行标准化处理后，采用固定效应的空间面板自回归模型分别对农业碳排放效率的影响因素进行回归，结果如表 6-8 所示。

表 6-8　基于空间固定效应的长江经济带农业碳排放效率稳健性检验结果

变量	模型Ⅰ		模型Ⅱ		模型Ⅲ	
	固定效应回归结果		稳健性检验		稳健性检验	
	回归系数	T 值	回归系数	T 值	回归系数	T 值
lnAs	−0.657 5***	−3.800 0	−0.545 5***	−3.150 0	−0.722 0***	−4.020 0
lnCs	0.036 0*	1.710 0	0.044 6*	1.770 0	0.028 6**	1.880 0
lnAi	−0.396 5**	−2.110 0	−0.599 3**	−2.350 0	−0.329 9*	−1.680 0
lnFsa	0.011 7	0.870 0	0.010 6	0.790 0	0.012 0	0.860 0
lnUr	0.143 2	1.620 0	0.144 2	1.630 0	0.123 5	1.340 0

续表

变量	模型Ⅰ		模型Ⅱ		模型Ⅲ	
	固定效应回归结果		稳健性检验		稳健性检验	
	回归系数	T值	回归系数	T值	回归系数	T值
$\ln Eir$	0.101 8	0.420 0	0.145 7	0.390 0	0.102 7	0.410 0
$\ln Sc$	0.622 1**	2.240 0	0.590 7**	2.130 0	0.714 6***	2.480 0
$\ln Agg$	0.674 0***	3.910 0	0.571 9***	3.310 0	0.742 7***	4.140 0
$\ln Rpc$	0.056 7	1.340 0	0.047 8	1.130 0	0.076 8*	1.740 0
$\ln Pcirr$	−0.040 8*	−1.710 0	−0.042 6*	−1.680 0	−0.028 1*	−1.750 0
ρ	0.530 2***		0.562 0***		0.526 7***	
R^2	0.420 0		0.473 0		0.446 0	
$\log L$	638.577 1		643.911 9		611.646 8	
AIC	−1 253.154 0		−1 263.824 0		−1 199.29 40	
BIC	−1 194.382 0		−1 205.051 0		−1 140.521 0	

注:*、**、***分别表示在10%、5%、1%水平下通过显著性检验。

可以看出，模型Ⅱ、模型Ⅲ的各影响因素的回归系数符号方向与模型Ⅰ的结果完全一致，其回归系数的大小也保持相对稳定，且显著性水平也基本不变。说明各主要影响因素对农业碳排放效率的空间效应保持稳定，并没有因为空间权重矩阵选取的不同而产生较大差异。因此，本研究基于固定效应的空间面板自回归模型计量估计结果具有稳健性。

6.5.4 空间面板模型估计结果分析

1. 空间自回归系数的计量结果分析

近年来，已有部分学者开始关注农业领域的空间效应问题，并一致认为空间地理因素是农业生产效率的一个重要影响因素（李俊鹏等，2018；张恒和郭翔宇，2021）。根据固定效应的空间面板自回归结果可知，长江经济带农业碳排放效率的空间自回归系数 ρ 的估计值为 0.530 2，且在1%水平下通过显著性检验。表征地理因素的空间相关系数为正并通过了显著性概率检验。进一步验证了本研究选择空间计量模型而非传统面板数据模型的合理性。长江经济带相邻地级（直辖）市间的农业碳排放效率水平存在空间依赖性：一个地级（直辖）市的农业碳排放效率不仅与其自身城镇化率、财政涉农政策、产业集聚、农业产业结构等因素息息相关，在一定程度上还依赖于与之具有相似空间特征的相邻地级（直辖）市的农业碳排放效率水平，各地级（直辖）市间农业碳排放效率水平存在着相互间的正向影响。随着农业市场化程度的加深，农业碳排放效率的空间流动性越来越大，各地级（直辖）市之间的农业生产联系越来越紧密，即相邻地级（直辖）市间的农业碳排放效率相互依赖的现象会更明显。

2．影响因素的计量结果分析

基于固定效应的空间面板自回归模型计量估计结果（表6-8），对长江经济带农业碳排放效率的影响因素进行分析，具体分析如下：

（1）农业产业结构

农业产业结构的系数为-0.657 5，说明农业产业结构对长江经济带农业碳排放效率的影响为负。在其他条件不变的情况下，农业产业结构每增加1个百分点，农业碳排放效率将降低0.657 5个百分点。这可能由于农业由种植业、林业、畜牧业和渔业等构成，其结构的变化对农业碳排放效率会产生影响由于农作物种植具有碳汇效应，农业生产过程中依赖于农药、化肥等化学用品及化石能源的使用，并伴随大量温室气体排放，增加农业碳排放等非期望产出，阻碍农业碳排放效率水平的提高。

（2）作物种植结构

作物种植结构的系数为0.036 0，说明农业产业结构对长江经济带农业碳排放效率的影响为正。在其他条件不变的情况下，农业产业结构每增加1个百分点，农业碳排放效率将提高0.036 0个百分点。且作物种植结构在1%的水平下显著影响长江经济带农业碳排放效率。这可能是农作物种植结构的调整不仅会使农地利用系统内部的碳循环过程产生变化，影响到农地利用系统的碳排放量，也会改变农业中间投入要素的消费情况。通过农作物结构调整，使得粮食播种面积占比越大，越便于粮食规模化生产，有利于农业生产环境逐步改善和资源的合理利用推动农业碳排放效率水平的提高。

（3）农业投资强度

农业投资强度的系数为-0.396 5，说明农业投资强度对长江经济带农业碳排放效率的影响为负。在其他条件不变的情况下，农业投资强度每增加 1 个百分点，农业碳排放效率将降低 0.396 5 个百分点。且农业投资强度在 5% 的水平下显著影响长江经济带农业碳排放效率。这可能由于农业固定资产投资主要在基础设施、农业机械设备等方面。随着农业生产机械设备购置量不断增加，引起农业碳排放量的快速增长，不利于农业碳排放效率水平提高。

（4）财政支农力度

财政支农力度的系数为 0.011 7，说明财政支农力度对长江经济带农业碳排放效率的影响为正。在其他条件不变的情况下，财政支农力度每增加 1 个百分点，农业碳排放效率将升高 0.011 7 个百分点。可能由于财政支农政策将会改变农产品和粮食生产资料的相对价格，从而对农民的生产行为（如自然资源利用方式、农业生产结构选择、农业化学要素投入结构与数量等）产生影响，降低了因为粗放式的农业生产带来的农业面源污染问题，降低了非期望产出，提高了农业碳排放效率。

（5）城镇化率

城镇化率的系数为 0.143 2，说明城镇化率对长江经济带农业碳排放效率的影响为正。在其他条件不变的情况下，城镇化率每增加 1 个百分点，农业碳排放效率将升高 0.143 2 个百分点。可能是由于随着工业化、城镇化水平的提高，大量农村劳动力不断从农村向城镇转移，使得城镇化率提高。同时，农村人口数量的减少，进一步推动了农业生产的规模化和机械化发展水平的提高，有利于农业碳排放效率的提升。

（6）有效灌溉率

有效灌溉率的系数为 0.101 8，说明有效灌溉率对长江经济带农业碳排放效率的影响为正。在其他条件不变的情况下，有效灌溉率每增加 1 个百分点，农业碳排放效率将升高 0.101 8 个百分点。这可能是由于灌溉是农用生产的必要投入，有效灌溉率的提高意味着技术进步与农田水利设施的改善，其覆面与规模将直接影响作物的产出和收益，有助于农业碳排放效率水平的提高。

（7）耕地规模化程度

耕地规模化程度的系数为 0.622 1，说明耕地规模化程度对长江经济带农业碳排放效率的影响为正。在其他条件不变的情况下，耕地规模化程度每增加 1 个百分点，农业碳排放效率将升高 0.622 1 个百分点。且耕地规模化程度在 5% 的水平下显著影响长江经济带农业碳排放效率。这可能由于农地适度规模经营是发展现代农业的必由之路，农地规模经营有利于农业生产要素合理分配，减少成本的浪费和环境污染带来的负外部性，有利于提高农业碳排放效率水平。

（8）产业集聚

产业集聚的系数为 0.674 0，说明产业集聚对长江经济带农业碳排放效率的影响为正。在其他条件不变的情况下，产业集聚每增加 1 个百分点，农业碳排放效率将升高 0.674 0 个百分点。且产业集聚在 1% 的水平下显著影响长江经济带农业碳排放效率。说明在一定条件下产业集聚对农业碳排放效率的影响效应为正，即产业集聚水平越高，农业碳排放效率越高。可能由于产业集聚具有正环境外部性，产业集聚可以带来技术创新和溢出效应，促进产业内企业采用更多的环保生产技术，进而有助于减少污染排放，减少非期望产出，提高农业碳排放效率水平。

（9）农村用电量

农村用电量的系数为 0.056 7，说明农村用电量对长江经济带农业碳排放效率的影响为正。在其他条件不变的情况下，农村用电量每增加 1 个百分点，农业碳排放效率将升高 0.056 7 个百分点。由于农业农村发展离不开电力的有力支持，如农业灌溉活动在很大程度上就会对电能产生依赖，农村用电量增加有助于完善农业生产基础设施，提高农业机械化水平，加快农业生产规模化，同时农业生产规模化在农业生产要素合理分配的条件下可以降低原材料的损耗，减少单位面积污染物的排放，从而有利于农业碳排放效率的提高。

（10）农村居民人均收入

农村居民人均收入的系数为 −0.040 8，说明农村居民人均收入对长江经济带农业碳排放效率的影响为负。在其他条件不变的情况下，农村居民人均收入每增加 1 个百分点，农业碳排放效率将降低 0.040 8 个百分点。且农村居民人均收入在 10% 的水平下显著影响长江经济带农业碳排放效率。说明在一定条件下农村居民人均收入对农业碳排放效率的影响效应为负，即农村居民人均收入水平越高，农业碳排放效率越低。这可能由于通常来说，经济水平越高的地区，农业生产会倾向于资本密集型而非劳动力密集型，农用物资投入量相对较高，客观上会导致温室气体排放绝对数量的增加，不利于农业碳排放效率水平的提高。

6.6　本章小结

　　地区与地区之间会在经济、社会等方面相互联系，而不是独立存在的个体。农业生产对自然环境的依赖性较强，相邻地区在农业品种选择以及生产技术水平等方面具有高度相似性，容易产生技术扩散和溢出效应，说明空间溢出效应对农业碳排放效率的影响是不可忽视的。基于此，本章采用空间计量经济模型，对长江经济带农业碳排放效率的空间相关性及其影响因素进行了实证分析，得出主要结论如下：

　　第一，2012—2020 年农业碳排放效率的全局 Moran's I 指数值均为正，且通过显著性水平检验，即长江经济带在整体上表现出显著的空间正相关关系，即具有较高农业碳排放效率的地级（直辖）市相对趋于集聚，具有较低农业碳排放效率的各地级（直辖）市相对趋于集聚。说明长江经济带农业碳排放效率并非孤立、随机分布的，而存在空间依赖性和空间溢出效应。

　　第二，从农业碳排放效率的 Moran 散点图来看，长江经济带农业碳排放效率存在两个正向的空间相关集聚类型，即处于第一象限的高-高集聚类型和处于第三象限的低-低集聚类型。从农业碳排放效率的 LISA 集聚图来看，农业碳排放效率呈现出明显的区域空间分块结构。高-低集聚类型的地级（直辖）市主要分布长江经济带下游和中游地区，高-高、低-高集聚类型的地级（直辖）市主要分布在长江经济带上游和中游地区，低-低集聚类型的地级（直辖）市主要分布在长江经济带的中部地区。

　　第三，长江经济带农业碳排放效率的空间自回归系数 ρ 的估计值为 0.530 2，且均在 1％水平下通过显著性检验，表征地理因素的空间相关系数为正并通过了显著性概率检验。进一步验证了本研究选择空间计量模型而非传统面板数据模型的合理性。

　　第四，在其他条件不变的情况下，除农业产业结构、农业投资强度、农村居民人均收入对长江经济带农业碳排放效率起到负向作用外，其他解释变量均对其起到正向作用。其中，农业产业结构、产业集聚均在 1％的水平上显著影响长江经济带农业碳排放效率；农业投资强度、耕地规模化程度均在 5％的水平上显著影响农业碳排放效率；作物种植结构、农村居民人均收入在 10％的水平上显著影响农业碳排放效率。

第 7 章　结论、政策建议与研究展望

为减少农业面源污染，促进生态环境保护，本研究将农业碳排放量纳入农业碳排放效率测算的框架，回答了农业碳排放效率的时空分布特征、空间差异的收敛性以及影响农业碳排放效率的关键因素，在此基础上提出政策建议，以期提高农业碳排放效率水平。本章首先对前文各章节的重要研究结论进行回顾和总结；然后根据相关研究结论，有针对性地提出有利于提高长江经济带农业碳排放效率水平、促进农业现代化发展和农业高质量发展的政策建议；最后阐述本研究尚未解决的问题，以及未来需要努力的方向。

7.1　研究结论

传统的农业生产效率测度仅局限于劳动力、土地和资本等投入要素，缺少与农业生产相关的碳排放，没有充分考虑农业生产过程中的环境承载能力，无法真实地反映出长江经济带农业生产效率。本研究尝试将农业碳排放量纳入传统农业生产效率的分析框架，契合当前碳减排目标，在考虑农业碳排放量的前提下，分析长江经济带农业碳排放效率及其影响因素，以期更加准确地评估长江经济带农业生产绩效，促进长江经济带各地级（直辖）市间更好地统筹，实现农业生产与环境保护协调发展。

本研究首先从时间和空间维度分别探讨长江经济带的农业总产值和农作物播种面积的时序变化及空间演变情况；其次构建农业碳排放效率的分析框架，并从动态视角测度长江经济带各地级（直辖）市的农业碳排放效率，探讨不同地级

（直辖）市农业生产无效率的主要来源；然后以经济增长理论为基础，考察长江经济带各地级（直辖）市间农业碳排放效率的收敛性及其动态演变趋势；最后采用空间计量模型探究农业产业结构、作物种植结构、农业投资强度、财政支农力度、城镇化率、有效灌溉率、耕地规模化程度、产业集聚、农村用电量和农村居民人均收入以及空间地理等因素对农业碳排放效率的影响，主要结论如下：

7.1.1　长江经济带农业生产的时空变化分析

部分内容首先从地理特征、自然条件、资源优势以及产业发展现状对长江经济带做了初步的概括，再对长江经济带的农业发展情况做进一步分析，从时间维度上分析长江经济带的农业总产值和农作物播种面积的时序变化；再以长江经济带的 110 个地级（直辖）市为研究对象，从空间维度上分析长江经济带的农业总产值和农作物播种面积的空间演变，得到以下结论：

（1）从时间维度上来看，对于农业总产值来说，随着技术的不断进步以及对农业发展的重视，长江经济带的农业总产值在 2010—2020 年期间持续稳定上升，不断突破新高；对于农作物播种面积来说，舟山市和重庆市分别为长江经济带每年播种面积最小和最大的市；从总体来看，长江经济带农作物播种面积在这十年间呈现出跌宕起伏的变化趋势，主要可以分为三个阶段：第一阶段为 2011—2015 年，总播种面积增加；第二阶段为 2016—2019 年，总播种面积出现下降趋势；第三阶段为 2019—2020 年，总播种面积再次上升。

（2）从空间维度上来看，选取 2011 年、2016 年和 2020 年三个典型年份为基础，将长江经济带的 110 个地级（直辖）市分为三类，进而说明长江经济带处于农业总产值和农作物播种面积较少的市的个数在减少，而处于农业总产值和农产品播种面积较多的市的个数再增多。

7.1.2　长江经济带农业碳排放效率评价

本部分内容在考虑农业碳排放量的前提下，首先通过对农业生产过程需要的化肥、农药、农膜、农业机械、农业灌溉、农业翻耕等投入进行农业碳排放量测度，将其作为农业生产的非期望产出纳入"投入-产出"指标体系中。其次，采用超效率 SBM 模型测度考虑环境因素下 2012—2020 年长江经济带农业碳排放效率以及无效率来源。主要结论如下：

（1）在考虑农业碳排放量因素的情况下，2012—2020 年长江经济带农业碳排放效率年均值为 1.107 8，说明其农业碳排放效率年均增长率为 10.78％。从农业碳排放效率分解来看，长江经济带农业生产环境技术效率指数年均值为 0.984 1，农业生产环境技术进步指数年均值为 1.125 7。

（2）从时序演变趋势来看，2012—2020 年长江经济带农业碳排放效率指数呈先持续下降再持续上升态势，其分解的农业生产环境技术效率指数呈先波动上升再持续下降后波动上升态势，而其分解的农业生产环境技术进步指数呈先持续下降再持续上升后波动下降态势。在此期间长江经济带农业碳排放效率指数由农业生产环境技术效率指数和农业生产环境技术进步指数"双轨驱动"。

（3）从农业生产过程来看，长江经济带农业碳排放效率的原因主要是由农业产值（期望产出）、要素投入、农业碳排放量（非期望产出）三方面共同决定的。资源过度消耗以及不合理配，化肥、农药、农膜等过度使用带来的环境污染排放问题是目前长江经济带农业碳排放效率水平不高的主要原因。

7.1.3 长江经济带农业碳排放效率的收敛性判断

本部分内容借助经济增长相关理论和方法探究考察了长江经济带农业碳排放效率的收敛性以及动态演变趋势，得出主要结论如下：

（1）采用标准差和变异系数测算 2012—2020 年长江经济带农业碳排放效率的总体差异，发现农业碳排放效率水平总体差异随时间推移有扩大趋势，长江经济带农业碳排放效率不存在 δ 收敛性。

（2）通过对长江经济带农业碳排放效率绝对 β 收敛和条件 β 收敛检验，发现长江经济带各地级（直辖）市农业碳排放效率存在明显的绝对 β 收敛和条件 β 收敛。

（3）运用 log$t$ 检验长江经济带农业碳排放效率发现不存在整体俱乐部收敛；采用非线性时变因子模型对各地级（直辖）市农业碳排放效率进行聚类识别，发现存在 6 个收敛的俱乐部和一个发散组。

（4）采用随机收敛方法对长江经济带农业碳排放效率进行检验。结果表明长江经济带各地级（直辖）市的农业碳排放效率差距并不是短期性的，各地级（直辖）市农业碳排放效率的差距将会一直长期客观存在。

（5）根据核密度估计结果可知，农业碳排放效率水平分布的形态特征在年际间发生显著的变化。其中，核密度曲线波峰所对应长江经济带农业碳排放效率水平向右侧移动，其农业碳排放效率的核密度曲线波峰呈现减少趋势，核密度曲线波峰的高度总体在下降，左拖尾不断缩短，右拖尾不断拉长，核密度曲线的波峰呈现出由尖峰形向宽峰形转变的变化趋势。

（6）通过马尔可夫链方法分析长江经济带农业碳排放效率分布的状态转移发现，2012—2020年间长江经济带农业碳排放效率存在一定的流动性，形成了农业碳排放效率处于低、中低、中高以及高水平类型的集聚现象，即农业碳排放效率增长的长期均衡状态依然分散于4种水平类型的状态空间中。说明长江经济带各地级（直辖）市农业碳排放效率趋异的状态在未来的很长一段时间内将持续存在。

7.1.4 长江经济带农业碳排放效率影响因素分析

地区与地区之间会在经济、社会等方面相互联系，而不是独立存在的个体。由于农业生产对自然环境的依赖性较强，相邻地区在农业品种选择以及生产技术水平等方面具有高度相似性，容易产生技术扩散和溢出效应，说明空间溢出效应对农业碳排放效率的影响是不可忽视的。基于此，本部分内容基于空间计量经济模型，对长江经济带农业碳排放效率的空间相关性及其影响因素进行了实证分析，得出主要结论如下：

（1）2012—2020年农业碳排放效率的全局 Moran's I 指数值均为正，且通过显著性水平检验，即长江经济带在整体上表现出显著的空间正相关关系，即具有较高农业碳排放效率的地级（直辖）市相对趋于集聚，具有较低农业碳排放效率的各地级（直辖）市相对趋于集聚。说明长江经济带农业碳排放效率并非孤立、随机分布的，而存在空间依赖性和空间溢出效应。

（2）从农业碳排放效率的 Moran 散点图来看，长江经济带农业碳排放效率存在两个正向的空间相关集聚类型，即处于第一象限的高-高集聚类型和处于第三象限的低-低集聚类型。从农业碳排放效率的 LISA 集聚图来看，农业碳排放效率呈现出明显的区域空间分块结构。高-低集聚类型的地级（直辖）市主要分布长江经济带下游和中游地区，高-高、低-高集聚类型的地级（直辖）市主要分布在长江经济带上游和中游地区，低-低集聚类型的地级（直辖）市主要分布在长江经济带的中部地区。

（3）长江经济带农业碳排放效率的空间自回归系数 ρ 的估计值为 0.530 2，且均在 1% 水平下通过显著性检验，表征地理因素的空间相关系数为正并通过了显著性概率检验。进一步验证了本研究选择空间计量模型而非传统面板数据模型的合理性。

（4）在其他条件不变的情况下，除农业产业结构、农业投资强度、农村居民人均收入对长江经济带农业碳排放效率起到负向作用外，其他解释变量均对其起到正向作用。其中，农业产业结构、产业集聚均在 1% 的水平上显著影响长江经济带农业碳排放效率；农业投资强度、耕地规模化程度均在 5% 的水平上显著影响农业碳排放效率；作物种植结构、农村居民人均收入在 10% 的水平上显著影响农业碳排放效率。

7.2 政策建议

7.2.1 优化农业生产要素投入结构

优化长江经济带生产要素投入，主要包括基础设施建设、劳动力、化肥以及农具等方面的投入。

基础设施建设是农业生产过程的重要因素，长江经济带农业耕地、水资源丰富，农业基础优势明显，是发展现代化农业的有利条件。但长期以来，长江经济带被乱砍滥伐、水土流失、水体和农田污染，使得农业发展面临着严重的资源环境约束，为了更好解决资源环境问题，长江经济带应加强控制污染治理、推广农业灌溉用水节水技术、修建低压灌溉、喷灌等设施、加强防洪、防灾建设，同时也要加强法制建设，为环境保护提供法律支持，根据长江经济带各个省（市）的不同情况，因地制宜，推动农业发展。长江经济带上游地区草地林地较多，可以加强上游林业基地建设，发展有机牧业；长江经济带中游水资源丰富、人口稠密，应加强农业机械化投入、提高生产率、给予政策补贴，提高农民的积极性；长江经济带下游地区技术、人才资源丰富，应注重农业专业人才的培养，培养新型农民，提高农业科技水平，加强都市农业的管理模式。

开发低能耗农具是长江经济带减少能源消耗、降低环境污染的有效方式之一，特别是对于湖北、湖南、浙江等大量消耗能源的省份，存在沼气池的产气量下降、能源消耗增加的问题，严重阻碍了农业绿色发展，因此，为了降低能源消耗对于环境带来的负面影响，应鼓励淘汰传统高能耗农具的使用、大力开发低能耗环保技术、支持使用高效节能的农具，有效减少碳排放，促进低碳发展。

使用生物农药和有机化肥，不仅可以降低对环境的破坏，还可以有效增加农作物所需的养分、提高农产品生产率，避免土壤板结、降低土壤肥力的可能性；加大农业机械投入，提升农业机械化发展水平，提高农业生产活动的装备水平，有效促进劳动生产率和土地产出率的提高。

7.2.2　避免农业碳排放对农业生产造成环境惩罚影响

目前长江经济带农业发展的能源仍然以化石燃料为主，这类燃料的使用消耗会伴随大量农业碳排放量的产生，化肥农药的使用、秸秆焚烧等行为会使得土壤板结，降低土壤肥力，破坏土壤结构，也会加重环境的污染，针对降低农业环境污染提出几点政策建议：

首先，改变能源消耗结构。一方面，长江经济带各省（市）地区应根据自身的地理环境、农业结构等特点，发展适合当地农业发展的低碳能源，例如用太阳能、风能等清洁能源的发电技术来代替化石能源的消耗，并将低碳能源应用于农业生产的过程当中，降低其带来的环境污染；另一方面，长江经济带各地区可以使用沼气池和农业废弃物来产生沼气，将其作为农业生产活动的能源来源，减少化石能源的消耗。

其次，推广环境友好型施肥技术。大量化肥的使用不仅会阻碍农产品的生长、降低土壤肥力，还会降低土壤质量、加剧全球变暖程度，同时，我国化肥的利用率偏低，流入水体中的化肥会影响人类的身体健康。为了减少化学肥料的使用，可以研发清洁型化肥，如使用有机肥、叶面肥、新型杀菌型环保肥料等适当代替传统化肥，从而避免化肥使用带来的不合理情况，达到改善土壤结构，为农作物提供养分的目的。

再次，农药的使用要对症、适时、适量。长江经济带的各省（市）中仍有贵州、云南等地区对于农药的使用量在逐年增加，虽然使用农药可以除灭危害农作物生长的生物，但也会使植物慢性中毒，对生态系统造成一定程度的破坏。因此，我们要提前预测天敌的数量情况，再根据不同的害虫选择合适对症的药品，及时喷洒农药，同时也要注意农药的用量，避免影响农药的防治效果。

最后，提高农膜的使用效率。近几年，长江经济带各省（市）对于农膜的使用量整体处于上升趋势，由于农膜在自然条件下难以光解、热降解以及被各种微生物降解，导致农膜废弃物明显增多，对农作物、土壤以及环境具有一定的危害。为了提高农膜的使用效率，我们可以从两方面进行着手，在生产上，我们应注重对于易降解农膜的研发；在回收上，应对于农膜的生产制定严格的标准，加强监督。

7.2.3　加大农业科技投入力度，大力发展现代农业

无论在工业还是农业，科技始终是第一生产力，而且是最重要的生产力，提高生产力可以增加农业碳排放效率、提高农业资源利用率以及降低农业生产成本，有利于长江经济带低碳农业的发展。对于提高长江经济带农业科学技术的发展，可以从以下几个方面进行着手。

第一，在农业技术方法和模式上进行创新，运用互联网、大数据等技术，对原有的灌溉技术、栽培技术、捕捞技术进行改进和完善，积极发展种子培养、土壤肥料培养等，从而提高生产效率，使得农业生产活动更省时、省力；同时在模式上，要根据当地的土壤条件、资源条件、气候特点，因地制宜改进种植模式，最大限度地发挥自然优势，做到物尽其用、地尽其用，从而高效的发展低碳农业。

第二，要加强农业科技的人才培养，重视人力资本在农业发展中的促进作用。各个农业生产基地应积极与高校和研究所密切合作，将农业生产的新兴技术传授到农村，为农业生产的人才缺口提供专业的导向性培训以及开设农业技术的相关课程，并进行推广和运用；要加强绿色生产理念的宣传，改变原有的粗放式思维，将绿色发展深入人心；培养人才更重要的是要留住人才，各地方政府应合理调整资金投入，建立健全的人才巩固机制和激励机制，加强农村的基础建设和公共服务，提高待遇，减少人才的外流。

长江经济带的农业现代化发展在逐年提高，但地区之间的差异很大，农业现代化仍然需要协调、可持续发展。随着科学技术的不断提高，现代农业从种植、养殖到灌溉等环节都取得了进展，现代农业可以划分为机械化农业和自动化农业，其中，农业机械化对于现代化农业的发展起到推动和支撑，是农业生产的主要手段，融入了高新技术的，不仅可以节约能源，还可以做到生产农产品对环境零污染；自动化农业通过自动化的装备开展农业生产活动，降低了人力投入、提高了生产效率。同时现代化农业改变了基层工作者的生活，提高了农民工的生活

条件，因此，我们应大力推广新农业技术，将科技带入农业生产之中，取缔传统低效的生产方式，积极改善生产条件，培养、提高农户的生产技能，推进农业现代化的可持续发展。

7.2.4　推动跨区域交流合作，协调区域农业碳排放效率增长速度

长江经济带农业的协调发展需要长江经济带各个省（市）的共同促进作用，相互取长补短。长江经济带的农业发展水平由下游、中游到上游呈现出依次递减的趋势，并且各地区在空间、经济、行政壁垒以及发展水平上的差异较为明显，各地区协同发展较弱。因此，基于这种现状，各地区应共同促进相互合作，破除行政地域上的限制，从经济、环境、人口等方面加强交流与合作，完善协调机制，缩小长江经济带各地区之间的差距，实现区域间的协同发展。

首先，长江经济带各省（市）对于农业的发展应以地方协作机制为依托，相互协商农业绿色发展的协作规划，制定绿色发展的规范要求、具体措施以及惩处规则，采取统一的发展战略，各区域间经济也应协调合作，优势互补，共同实现发展，例如重庆和四川的发展水平都具有相对优势是，应加大川渝合作，一方面扩大重庆对外开放优势，打造其西南地区的对外开放；另一方面，发挥四川省产业聚集效应，提高经济发展水平；对于云贵两省，由于两省在发展水平上具有相似性且资源禀赋，可以采取"抱团取暖"的方式，根据共同优势，相互协作，进一步加强两省的协调能力，促进农业的高质量低碳发展。

其次，长江经济带中上游地区应充分借鉴下游的农业绿色发展模式，各地区也要结合自身的自然、地理优势情况，调节各方资源优化配置，共同建立知识互补、技术共享的平台，积极加强经济交流合作，引进先进技术、人才和发展模式，缩小不同地区之间的差距，促进落后地区的生产效率快速提高，并将经济发展与农业绿色发展统一起来，推动二者共同发展。

最后，在相互合作中，也不排除经济资产的转移，例如可以将江苏、四川等人口规模较大的地区的高碳排放、高经济效益资产向云贵等发展较为落后的省进行转移，带动人口转移的同时也增加了就业，缩小差异；同时在推动各地区发展的同时，也要注重长江经济带的组织体系，整合沿线的资源，避免不必要的竞争，加强建设合作共赢的良性循环。

7.2.5　增加财政支农投入，兼顾城镇化发展与人才培养

农业财政投入是实现农业现代化的重要物质基础，而人才培养是关键。近几年，长江经济带各地区的财政用于农业的投入在不断增加，但仍然存在一些问题，例如一些地方财政对于农业的投入不足、城乡财政资源分配不均衡的问题、资金使用的分散以及重复的现象仍然存在。长江经济带各地区应对资金进行合理的分配、整合投入农业的资金，积极建设农业基础设施，例如农田水利建设、农产品基地建设等，加强农业的技术设施建设；为推动农业科研、科技推广、科技培训提供支持，增加就业机会，有效填补农业技术岗位的缺口，提高农作物生产效率和碳排放效率；积极调整农业结构，优化城乡建设布局，扩大农业生产规模，高效地向农业机械化发展，提供种粮补贴、农产品政策补贴等，提高农民的积极性；加强生态建设，为退耕还林、生态治理以及水土保持提供财政支持，促进长江经济带农业绿色可持续发展；对于洪涝灾害、动植物病虫等一些自然灾害提供资金支持，用有机化肥代替传统化肥，做到对症、适时、适量用药，并向受灾难的群众提供救济、医疗服务、扶贫资金，帮助其恢复正常生活。

人才的受教育水平是长江经济带农业发展的重要影响因素，人才对于长江经济带农业绿色发展同样发挥着重要的作用。首先，应不断加强农业的技术水平，尤其是偏远郊区，推广绿色先进技术，在农民可以接受的范围内制定合适的配套课程，注重培养农业专业人才，打造农业人才队伍，培养农业实用型人才；其次，应加强高校人才的培养力度，加大农业科研投入，确保新技术农业专业人才增长，各地区应积极完善人才机制，使得专业人才在各个岗位上充分发挥出自身才能；最后，增加农村人力资本的教育投入、增加向基层农村的资金投入，提高农村生活条件、基础设施、社会保障能力，创造良好的生活条件，使得农户的收入提高，进而解决就业问题、收入分配问题等，提供补贴、抚恤金等，让更多青壮年劳动力、农业专业技术人员可以扎根农村。

7.2.6　调整农业结构，发展生态农业和循环农业

长江经济带调整农业产业结构是增强竞争力、促进可持续发展的重要举措，也是适合经济和环境协同发展的方案，通过调整产业结构可以高效的带动经济循环畅通，有效减少碳排放量，对于发展生态农业和循环农业由促进作用。由于不同

时间对于产业发展的投入不同、经济增长的方式不同，当前，长江经济带农业规模已经逐步形成，我们应改变原有的粗放型经济增长模式，改变以往由使用化石能源所带来的环境污染局面，同时，随着科学技术水平的提高，我们有能力对长江经济带的产业结构进行调整，向现代化、高级化发展。因此，我们应合理利用已有的资源、充分发挥科学技术水平，开发低碳的生产能源、生产方式，减少碳排放量，实现经济和环境协同发展，使长江经济带朝着生态农业和循环农业发展。

第一，长江经济带各地区应深入挖掘其特色农产品，结合当地的自然、地理条件以及当地需求进行考察，制定各省市农业结构调整的战略框架，优化产业结构；当前，长江经济带的农业主要以种植业和畜牧业为主，为了有效减少碳排放量，可以加强林业的发展，增加碳汇功能。

第二，充分发挥长江经济带非农业部门在农业生产过程中的作用，在粮食安全的前提下，将农业与工业和服务业相结合，发挥种植业的经济力量，同时结合长江经济带的风俗文化、农景观光等新兴业延伸至农业产业链，促进与服务业的共同发展，将自然优势转化为经济增长。

第三，产业结构的调整离不开技术的创新，长江经济带各地区政府应鼓励农业专业化发展，加大核心技术的研发，将研究所、高校以及研发部门进行深入合作，增加研究成果在市场中的使用率，突破农业生产结构各个环节的创新，转变农业的粗放型增长模式，减少废弃物的生产、提高资源利用率、减少碳排放量，实现环境的可持续发展，促进经济循环畅通。

7.3 研究展望

农业生产与环境保护协调发展对生态文明建设和乡村振兴战略具有重要理论和现实意义。本研究围绕农业碳排放视角下的农业碳排放效率研究，笔者认为该研究还存在有待进一步深入研究的地方。

第一，细分农业结构，针对不同农业种类，研究其农业碳排放效率水平。由于受人力、时间和统计资料等诸多因素的限制，本研究针对农业产值，缺少对水粮食作物、经济作物、饲料作物和绿肥等具体农业品种的研究，存在一定缺陷和不足。研究不同品种农业碳排放效率，可以对长江经济带各地级（直辖）市农业生产提供更具有针对性的政策建议，希望在将来的研究中继续探讨。

　　第二，从宏观角度和微观角度对农业碳排放效率的影响因素进行探讨。本研究在农业生产、经济增长理论、农业经济学以及相关学者研究的基础上，选取了相应指标从宏观角度对农业碳排放效率进行影响因素分析，但尚未进行微观层面的调研，缺乏从微观层面进行农业碳排放效率研究。从宏观和微观两个视角来研究农业碳排放效率，不仅能够提出提高区域整体农业碳排放效率水平的建议，还可以站在农民的角度制定更具有针对性的政策。因此，从宏观和微观视角对农业碳排放效率影响因素进行研究可作为未来研究的主要方向之一。

参考文献

[1] 曹祖文. 重庆市技术进步对农业生产的影响研究 [D]. 重庆：西南大学，2014.

[2] 曾福生，郭珍，高鸣. 中国农业基础设施投资效率及其收敛性分析——基于资源约束视角下的实证研究 [J]. 管理世界，2014 (08)：173-174.

[3] 常浩娟，王永静，程广斌. 我国区域农业生产效率及影响因素——基于 SE-DEA 模型和动态面板的数据分析 [J]. 江苏农业科学，2013，41 (02)：391-394.

[4] 常甜甜，邢宇，张明如，赵政慧. 我国农业生产效率测算及其影响因素研究——基于长江经济带农业生产面板数据的分析 [J]. 价格理论与实践，2022 (05)：197-200.

[5] 常轩宁. 基于 DEA-BCC 模型的青海省农业生产效率分析 [J]. 农村经济与科技，2022，33 (22)：79-81.

[6] 陈恩，董捷，徐磊. 长江经济带城市土地利用效率时空差异与收敛性分析 [J]. 资源开发与市场，2018，34 (03)：316-321.

[7] 陈鸣，周发明. 农地规模化对农业科研生产率效应的影响研究 [J]. 中国农业资源与区划，2016，37 (09)：142-148.

[8] 陈强. 高级计量经济学及 Stata 应用（第二版）[M]. 北京：高等教育出版社，2017.

[9] 陈锡文，陈昱阳，张建军. 中国农村人口老龄化对农业产出影响的量化研究 [J]. 中国人口科学，2011 (2)：39-46.

[10] 陈晓. 创新要素流动对全要素生产率的影响 [D]. 上海：华东师范大学，2019.

[11] 陈新平，陈轩敬，张福锁，等. 长江经济带农业绿色发展——挑战与行动 [M]. 北京：科学出版社，2022.

[12] 陈振，徐瑶瑶，翟振杰，黄松. 基于 SBM-DEA 模型的河南省农业生产效率分析 [J]. 河南农业大学学报，2019，53（04）：647-652.

[13] 陈智超，张晓林. 基于 DEA 和 Malmquist 指数模型的河南省农业生产效率分析 [J]. 中南农业科技，2022，43（02）：105-109.

[14] 程琳琳，张俊飚，何可. 多尺度城镇化对农业碳生产率的影响及其区域分异特征研究——基于 SFA、E 指数与 SDM 的实证 [J]. 中南大学学报（社会科学版），2018，24（05）：107-116.

[15] 崔宁波，张正岩. 基于超效率 DEA 模型和 Malmquist 指数的黑龙江省农业生产效率测度 [J]. 北方园艺，2017（22）：192-199.

[16] 单玉红，朱枫，刘梦娇. 湖北省县际种植业生产要素调控对策研究——基于三阶段 DEA 模型 [J]. 资源科学，2017，39（02）：367-377.

[17] 邓晓兰，鄢伟波. 农村基础设施对农业全要素生产率的影响研究 [J]. 财贸研究，2018，29（04）：36-45.

[18] 丁圆元，李丰. 基于生态效率视角的中国农产品生产效率分析 [J]. 粮食经济研究，2018，4（02）：13-26.

[19] 董红敏，李玉娥，陶秀萍，等. 中国农业源温室气体排放与减排技术对策 [J]. 农业工程学报，2008，133（10）：269-273.

[20] 董明涛. 我国低碳农业发展效率的评价模型及其应用 [J]. 资源开发与市场，2016，32（08）：944-948+1000.

[21] 董亚娟，孙敬水. 区域经济收入分布的动态演进分析——以浙江省为例 [J]. 当代财经，2009（03）：25-30.

[22] 杜文杰. 农业生产技术效率的政策差异研究——基于时不变阈值面板随机前沿分析 [J]. 数量经济技术经济研究，2009，26（09）：107-118.

[23] 方精云，朱江玲，王少鹏等. 全球变暖、碳排放及不确定性 [J]. 中国科学：地球科学，2011，41（10）：1385-1395.

[24] 冯颖，刘凡. 双碳目标约束下农作物种植结构对农业绿色全要素生产率的影响研究——以陕西省为例 [J]. 地球环境学报，2023，14（04）：1-25.

[25] 傅东平，王鑫. 农业生产效率、收敛性与气候变化——以广西为例 [J]. 生态经济，2017，33（05）：155-159.

[26] 高文玲，施盛高，徐丽等. 低碳农业的概念及其价值体现 [J]. 江苏农业科学，2011，39（02）：13-14.

[27] 高文文，张占录，张远索. 外部性理论下的国土空间规划价值探讨 [J]. 当代经济管理，2021，43（05）：80-85.

[28] 高欣，张安录. 农地流转，农户兼业程度与生产效率的关系 [J]. 中国人口资源与环境，2017，27（5）：121-128.

[29] 郭建平. 气候变化对中国农业生产的影响研究进展 [J]. 应用气象学报，2015，26（1）：1-11.

[30] 郭军华，倪明，李帮义. 基于三阶段 DEA 模型的农业生产效率研究 [J]. 数量经济技术经济研究，2010（12）：27-38.

[31] 郭四代，钱昱冰，赵锐. 西部地区农业碳排放效率及收敛性分析——基于 SBM-Undesirable 模型 [J]. 农村经济，2018，433（11）：80-87.

[32] 郭小年，阮萍. 西部退耕区农户农业生产效率评价及收敛性分析——以贵州省织金县为例 [J]. 财经科学，2014（01）：114-124.

[33] 郭晓鸣，左喆瑜. 基于老龄化视角的传统农区农户生产技术选择与技术效率分析——来自四川省富顺、安岳、中江 3 县的农户微观数据 [J]. 农业技术经济，2015（01）：42-53.

[34] 海蕊. 云南省经济结构变化对全要素生产率增长的影响研究 [D]. 昆明：云南财经大学，2022.

[35] 韩东亚，刘宏伟. 我国物流业技术效率及影响因素——来自上市公司的实证研究 [J]. 中国流通经济，2019，33（11）：17-26.

[36] 韩海彬，赵丽芬，张莉. 异质型人力资本对农业环境全要素生产率的影响：基于中国农村面板数据的实证研究 [J]. 中央财经大学学报，2014，1（05）：105.

[37] 韩中. 我国农业全要素生产率的空间差异及其收敛性研究 [J]. 金融评论，2013，5（05）：26-37＋123.

[38] 何鸿辉. 基于阶段 DEA 模型的甘肃农业生产效率研究 [D]. 兰州：兰州财经大学，2018.

[39] 何江，张馨之．中国区域人均 GDP 增长速度的探索性空间数据分析［J］．统计与决策，2006（22）：72-74.

[40] 何悦，漆雁斌，汤建强．中国粮食生产化肥利用效率的区域差异与收敛性分析［J］．江苏农业学报，2019，35（03）：729-735.

[41] 贺俊．长江经济带农业碳排放效率时空异质性及驱动机制研究［D］．长沙：中南林业科技大学，2022.

[42] 贺祥民，赖永剑．基于非线性时变因子模型的地区环境效率俱乐部收敛分析［J］．软科学，2017，31（03）：103-106.

[43] 侯琳，冯继红．基于超效率 DEA 和 Malmquist 指数的中国农业生产效率分析［J］．河南农业大学学报，2019，53（02）：316-324.

[44] 侯孟阳，姚顺波．空间视角下中国农业生态效率的收敛性与分异特征［J］．中国人口·资源与环境，2019，29（04）：116-126.

[45] 胡晓琳．中国省际环境全要素生产率测算、收敛及其影响因素研究［D］．南昌：江西财经大学，2016.

[46] 胡中应，胡浩．产业集聚对我国农业碳排放的影响［J］．山东社会科学，2016，250（06）：135-139.

[47] 郇红艳．中国农业生产效率的萃取与空间差异——基于 1996—2013 年 31 个省份面板数据的测度［J］．江汉论坛，2019（01）：33-42.

[48] 黄昌硕，耿雷华，陈晓燕．农业用水效率影响因素及机理分析［J］．长江科学院院报，2018，35（1）：82.

[49] 黄稳书，胡丽丽．我国农业绿色全要素生产率水平及绿色转型路径分析［J］．江苏农业科学，2019，47（21）：21-27.

[50] 贾舒涵，梁耀文，赵顺宏，李树超．山东省智慧农业生产效率空间格局及影响因素分析［J］．山东农业科学，2021，53（08）：143-150.

[51] 姜宇博，李金霞，于洋，宫秀杰，郝玉波，李梁，吕国依，钱春荣．我国农业生产效率影响因素研究综述［J］．农业科技通讯，2020（08）：4-5＋8.

[52] 蒋飞，厉伟．基于 DEA-Malmquist 指数的江苏省农业生产效率评价［J］．贵州农业科学，2017，45（02）：167-170.

[53] 匡远凤．技术效率、技术进步、要素积累与中国农业经济增长——基于 SFA 的经验分析［J］．数量经济技术经济研究，2012，29（01）：3-18.

[54]雷振丹，陈子真，李万明. 农业技术进步对农业碳排放效率的非线性实证[J]. 统计与决策，2020，36（05）：67-71.

[55]黎明. 广西农业科技投入对农业生产效率的影响研究[D]. 桂林：广西师范大学，2018.

[56]李邦熹，葛颖. 基于空间计量模型的土地流转速度对农业生产效率的影响分析[J]. 科学决策，2019（8）：33-50.

[57]李波，张俊飚，李海鹏. 中国农业碳排放时空特征及影响因素分解[J]. 中国人口·资源与环境，2011，21（08）：80-86.

[58]李谷成，冯中朝，范丽霞. 小农户真的更加具有效率吗？来自湖北省的经验证据[J]. 经济学（季刊），2010，9（01）：95-124.

[59]李谷成，冯中朝. 中国农业全要素生产率增长：技术推进抑或效率驱动——一项基于随机前沿生产函数的行业比较研究[J]. 农业技术经济，2010，（05）：4-14.

[60]李谷成，尹朝静，吴清华. 农村基础设施建设与农业全要素生产率[J]. 中南财经政法大学学报，2015（01）：141-147.

[61]李焕彰，钱忠好. 财政支农政策与中国农业增长：因果与结构分析[J]. 中国农村经济，2004（08）：38-43.

[62]李纪生，陈超，徐世艳. 农业科研投资对农业生产率增长效应的实证分析[J]. 江苏农业学报，2010，26（03）：645-648.

[63]李纪生，陈超. 省域农业科研投资生产率增长效应的空间计量分析[J]. 中国人口·资源与环境，2010，20（07）：164-169.

[64]李婧，谭清美，白俊红. 中国区域创新生产的空间计量分析——基于静态与动态空间面板模型的实证研究[J]. 管理世界，2010（07）：43-55＋65.

[65]李静，池金，吴华清. 基于水资源的工业绿色偏向型技术进步测度与分析[J]. 中国人口·资源与环境，2018，28（10）：131-142.

[66]李俊鹏，冯中朝，吴清华. 粮食生产技术效率增长路径识别：直接影响与溢出效应[J]. 华中农业大学学报（社会科学版），2018（01）：22-30＋157.

[67]李欠男，李谷成，高雪，尹朝静. 农业全要素生产率增长的地区差距及空间收敛性分析[J]. 中国农业资源与区划，2019，40（07）：28-36.

[68]李强，庞钰凡，汪玥. 基于DEA模型和Malmquist指数的农业生产效率评

价研究——以吉林省为例 [J]. 技术经济，2020，39（09）：135-143.

[69] 李翔，杨柳. 华东地区农业全要素生产率增长的实证分析——基于随机前沿生产函数模型 [J]. 华中农业大学学报（社会科学版），2018，（06）：62-68+154.

[70] 李中东，尉迟晓娟. 山东省农业生产效率研究——基于超效率 DEA 和 Malmquist 指数 [J]. 山东农业大学学报（社会科学版），2019，21（02）：45-51.

[71] 李宗璋，李定安. 交通基础设施建设对农业技术效率影响的实证研究 [J]. 中国科技论坛，2012（2）：127-133.

[72] 梁红艳. 中国城市群生产性服务业分布动态、差异分解与收敛性 [J]. 数量经济技术经济研究，2018，35（12）：40-60.

[73] 梁流涛，曲福田，冯淑怡. 基于环境污染约束视角的农业技术效率测度 [J]. 自然资源学报，2012，27（09）：1580-1589.

[74] 林冲. 湖南省农业科技投入对农业生产效率的影响研究 [D]. 长沙：湖南农业大学，2013.

[75] 林光平，龙志和，吴梅. 中国地区经济δ收敛的空间计量实证分析 [J]. 数量经济技术经济研究，2006（04）：14-21+69.

[76] 林锦彬，刘飞翔，郑金贵. 我国农业生态效率时空格局差序化分析——基于 DEA-ESDA 模型 [J]. 江苏农业科学，2017，45（04）：302-306.

[77] 刘凤芹. 农业土地规模经营的条件与效果研究：以东北农村为例 [J]. 管理世界，2006（09）：71-79+171-172.

[78] 刘晗，王钊，姜松. 基于随机前沿生产函数的农业全要素生产率增长研究 [J]. 经济问题探索，2015，（11）：35-42.

[79] 刘华军，杨骞. 资源环境约束下中国 TFP 增长的空间差异和影响因素 [J]. 管理科学，2014，27（05）：133-144.

[80] 刘莉. 基于 DEA 模型的安徽省农业生产效率研究 [D]. 蚌埠：安徽财经大学，2012.

[81] 刘琼，肖海峰. 农村交通基础设施、农机跨区作业与农业生产效率——来自粮食主产区的经验分析 [J]. 商业研究，2021（06）：114-122.

[82] 刘琼，肖海峰. 农地经营规模与财政支农政策对农业碳排放的影响 [J]. 资源科学，2020，42（06）：1063-1073.

［83］刘荣鑫. 山东省农业全要素生产率区域差异比较研究［D］. 淄博：山东理工大学，2014.

［84］刘天军，蔡起华. 不同经营规模农户的生产技术效率分析——基于陕西省猕猴桃生产基地县210户农户的数据［J］. 中国农村经济，2013（03）：37-46.

［85］刘蔚然. 基于DEA-Malmquist模型的江苏省农业生产效率研究［J］. 农业与技术，2022，42（17）：156-158.

［86］刘玉铭，刘伟. 对农业生产规模效益的检验——以黑龙江省数据为例［J］. 经济经纬，2007（2）：110-113.

［87］卢东宁，庞超. 基于三阶段DEA模型的四川省农业生产效率研究［J］. 江西农业学报，2021，33（09）：120-125.

［88］罗富民，段豫川. 分工演进对山区农业生产效率的影响研究——基于川南山区县级数据的空间计量分析［J］. 软科学，2013，27（07）：83-87.

［89］罗光强，姚旭兵. 粮食生产规模与效率的门槛效应及其区域差异［J］. 农业技术经济，2019（10）：92-101.

［90］罗贤禄，廖小菲. 农村基础设施对农业绿色生产效率的影响［J］. 粮食科技与经济，2021，46（02）：33-36.

［91］罗梓洋. 我国农村劳动力转移对农业生产效率的影响［D］. 重庆：重庆工商大学，2019.

［92］马大来，陈仲常，王玲. 中国省际碳排放效率的空间计量［J］. 中国人口·资源与环境，2015，25（01）：67-77.

［93］马林静，王雅鹏，吴娟. 中国粮食生产技术效率的空间非均衡与收敛性分析［J］. 农业技术经济，2015（04）：4-12.

［94］米建伟，梁勤，马骅. 我国农业全要素生产率的变化及其与公共投资的关系——基于1984—2002年分省份面板数据的实证分析［J］. 农业技术经济，2009（03）：4-16.

［95］闵锐，李谷成. "两型"视角下我国粮食生产技术效率的空间分异［J］. 经济地理，2013，33（03）：144-149.

［96］闵锐，李谷成. 环境约束条件下的中国粮食全要素生产率增长与分解——基于省域面板数据与序列Malmquist-Luenberger指数的观察［J］. 经济评论，2012（05）：34-42.

[97] 宁论辰，郑雯，曾良恩. 2007—2016 年中国省域碳排放效率评价及影响因素分析——基于超效率 SBM-Tobit 模型的两阶段分析 [J]. 北京大学学报（自然科学版），2021，57（01）：181-188.

[98] 欧阳昶，王安平. 湖南省农业生产效率时空变化及影响因素研究——以洞庭湖区为例 [J]. 湖北农业科学，2022，61（13）：220-227.

[99] 潘丹. 考虑资源环境因素的中国农业生产率研究 [D]. 南京：南京农业大学，2012.

[100] 彭国华. 中国地区收入差距、全要素生产率及其收敛分析 [J]. 经济研究，2005（09）：19-29.

[101] 朴胜任. 中国省际环境效率的空间差异、收敛性及影响机理研究 [D]. 天津：天津理工大学，2018.

[102] 漆雁斌，韩绍，邓鑫. 中国绿色农业发展：生产水平测度、空间差异及收敛性分析 [J]. 农业技术经济，2020（04）：51-65.

[103] 屈秋实，王礼茂，王博，向宁. 大湄公河次区域农业生产效率时空特征 [J]. 资源科学，2021，43（12）：2442-2450.

[104] 沈惟强，徐相泽. 政策性农业保险对农业生产效率影响因素的实证研究 [J]. 安徽农业科学，2022，50（14）：204-209.

[105] 石慧，孟令杰，王怀明. 中国农业生产率的地区差距及波动性研究——基于随机前沿生产函数的分析 [J]. 经济科学，2008（03）：20-33.

[106] 石慧，孟令杰，王怀明. 中国农业生产率的地区差距及波动性研究——基于随机前沿生产函数的分析 [J]. 经济科学，2008（03）：20-33.

[107] 史晓蓉. 农业生产技术效率影响因素分析 [J]. 农业科技与信息，2016（20）：11.

[108] 宋浩楠，栾敬东，张士云，江激宇. 土地细碎化、多样化种植与农业生产技术效率——基于随机前沿生产函数和中介效应模型的实证研究 [J]. 农业技术经济，2021（02）：18-29.

[109] 孙传旺，刘希颖，林静. 碳强度约束下中国全要素生产率测算与收敛性研究 [J]. 金融研究，2010（06）：17-33.

[110] 孙利娟，邢小军. 劳动力要素与农业生产技术效率——基于随机前沿模型的中外比较 [J]. 北京经济管理职业学院学报，2017，32（01）：21-27.

[111]孙宇，刘海滨．中国区域对外直接投资空间效应及影响因素研究——基于空间计量模型的实证考察［J］．宏观经济研究，2020，260（07）：138-152＋164.

[112]唐子来，李粲，李涛．全球资本体系视角下的中国城市层级体系［J］．城市规划学刊，2016（03）：11-20.

[113]田伟，柳思维．中国农业技术效率的地区差异及收敛性分析——基于随机前沿分析方法［J］．农业经济问题，2012，33（12）：11-18＋110.

[114]田云，王梦晨．湖北省农业碳排放效率时空差异及影响因素［J］．中国农业科学，2020，53（24）：5063-5072.

[115]田云，张俊飚，尹朝静，等．中国农业碳排放分布动态与趋势演进——基于31个省（市、区）2002-2011年的面板数据分析［J］．中国人口·资源与环境，2014，24（07）：91-98.

[116]田云．中国低碳农业发展：生产效率、空间差异与影响因素研究［D］．武汉：华中农业大学，2015.

[117]涂蕾．中国城市绿色全要素生产率溢出效应与收敛性分析［D］．武汉：华中科技大学，2018.

[118]万长松，赵霞．基于三阶段DEA模型的甘肃省农业生产效率测度［J］．兰州财经大学学报，2018，34（02）：76-85.

[119]汪海波．略论全要素生产率［J］．经济管理，1989（08）：55-57.

[120]汪言在，刘大伟．纳入气候要素的重庆市农业全要素生产率增长时空分布分析［J］．地理科学，2017，37（12）：1942-1952.

[121]王兵，肖海林．环境约束下长三角与珠三角城市群生产率研究——基于MML生产率指数的实证分析［J］．产经评论，2011（05）：100-114.

[122]王辰璇，姚佐文．农业科技投入对农业生态效率的空间效应分析［J］．中国生态农业学报（中英文），2021，29（11）：1952-1963.

[123]王辰璇，姚佐文．农业科技投入对农业生态效率的空间效应分析［J］．中国生态农业学报（中英文），2021，29（11）：1952-1963.

[124]王迪，王明新，钱中平，季彩亚．基于非点源污染约束的江苏省农业生产效率分析［J］．江苏农业科学，2017，45（17）：322-326.

[125]王惠，卞艺杰．农业生产效率、农业碳排放的动态演进与门槛特征［J］．农业技术经济，2015，242（06）：36-47.

[126] 王珏，宋文飞，韩先锋. 中国地区农业全要素生产率及其影响因素的空间计量分析——基于 1992—2007 年省域空间面板数据 [J]. 中国农村经济，2010 (8)：24-35.

[127] 王蕾，于成成，王敏，杜栋. 我国农业生产效率的政策效应及时空差异研究——基于三阶段 DEA 模型的实证分析 [J]. 软科学，2019，33 (09)：33-39.

[130] 王丽娟，昝俊宏，刘中璟，祝庆鹏，于海艳. 乡村振兴背景下贫困山区脱贫农户农业生产效率差异及影响因素研究 [J]. 农业与技术，2022，42 (19)：137-144.

[131] 王丽娜. 中国农业绿色生产效率的测度及其影响因素分析 [J]. 技术经济与管理研究，2022，(07)：37-41.

[132] 王利利. 环境约束下的我国工业能源效率区域差异及影响因素研究 [D]. 大连：东北财经大学，2018.

[133] 王梦晨. 湖北省农业碳排放效率测度及其影响因素研究 [D]. 武汉：中南财经政法大学，2020.

[134] 王欧，唐轲，郑华懋. 农业机械对劳动力替代强度和粮食产出的影响 [J]. 中国农村经济，2016 (12)：46-59.

[135] 王善高. 低碳视角下中国农业生产技术效率分析——基于产出距离函数的随机前沿方法 [J]. 新疆农垦经济，2018 (01)：75-83.

[136] 王少剑，高爽，黄永源，史晨怡. 基于超效率 SBM 模型的中国城市碳排放绩效时空演变格局及预测 [J]. 地理学报，2020，75 (06)：1316-1330.

[137] 王守坤. 空间计量模型中权重矩阵的类型与选择 [J]. 经济数学，2013，30 (03)：57-63.

[138] 王淑贞. 外部性理论综述 [J]. 经济视角（下），2012 (09)：52-53＋8.

[139] 王亚辉，李秀彬，辛良杰，等. 中国农地经营规模对农业劳动生产率的影响及其区域差异 [J]. 自然资源学报，2017，32 (4)：539-552.

[140] 王妍. 中国农业碳排放时空特征及空间效应研究 [D]. 昆明：云南财经大学，2017.

[141] 王阳，漆雁斌. 农户生产技术效率差异及影响因素分析——基于随机前沿生产函数与 1906 家农户微观数据 [J]. 四川农业大学学报，2014，32 (04)：462-468.

[142] 王阳. 四川省农业生产技术效率的变迁及影响因素分析——基于产出异质性随机前沿生产函数的实证 [J]. 四川行政学院学报, 2016, (05): 58-63.

[143] 王跃梅, 姚先国, 周明海. 农村劳动力外流、区域差异与粮食生产 [J]. 管理世界, 2013 (11): 67-76.

[144] 王志, 武献华. 农业基础设施建设与财政投入研究 [J]. 北方经济, 2008 (9): 63-66.

[145] 邬彩霞. 中国低碳经济发展的协同效应研究 [J]. 管理世界, 2021, 37 (08): 105-117.

[146] 吴昊玥, 黄瀚蛟, 何宇, 等. 中国农业碳排放效率测度、空间溢出与影响因素 [J]. 中国生态农业学报 (中英文), 2021, 29 (10): 1762-1773.

[147] 吴昊玥, 黄瀚蛟, 何宇, 等. 中国农业碳排放效率测度、空间溢出与影响因素 [J]. 中国生态农业学报 (中英文), 2021, 29 (10): 1762-1773.

[148] 吴书胜. 中国区域全要素生产率的空间非均衡及分布动态演进: 2003-2014年 [J]. 产经评论, 2018, 9 (02): 99-115.

[149] 吴义根. 低碳约束下的中国农业生产率研究 [D]. 北京: 中国农业大学, 2019.

[150] 吴玉鸣. 大学、企业研发与区域创新的空间统计与计量分析 [J]. 数理统计与管理, 2007 (02): 318-324.

[151] 武鹏, 金相郁, 马丽. 数值分布、空间分布视角下的中国区域经济发展差距 (1952—2008) [J]. 经济科学, 2010 (05): 46-58.

[152] 席利卿, 王厚俊, 彭可茂. 水稻种植户农业面源污染防控支付行为分析——以广东省为例 [J]. 农业技术经济, 2015, 243 (07): 79-92.

[153] 夏四友, 文琦, 许昕, 等. 空间相关视阈下浙江省县域生态文明建设空间格局分析 [J]. 生态学报, 2021, 41 (13): 5223-5232.

[154] 肖小勇, 李秋萍. 教育、健康与农业生产技术效率实证研究——基于1999-2009年省级面板数据 [J]. 华中农业大学学报 (社会科学版), 2012 (03): 48-53.

[155] 谢会强, 吴晓迪. 城乡融合对中国农业碳排放效率的影响及其机制 [J]. 资源科学, 2023, 45 (01): 48-61.

[156] 谢阳光. 淮海经济区耕地绿色利用效率时空格局及影响因素研究 [D]. 徐

州：中国矿业大学，2019.

[157] 熊鹰，许钰莎. 四川省环境友好型农业生产效率测算及影响因素研究——基于超效率 DEA 模型和空间面板 STIRPAT 模型 [J]. 中国生态农业学报（中英文），2019，27（07）：1134-1146.

[158] 徐晶晶. 沿海地区绿色全要素生产率测度、收敛及影响因素研究 [D]. 杭州：浙江理工大学，2015.

[159] 许波，卢召艳，杨胜苏，尹鹏，杨丽琳，莫京龙. 湖南省农业生产效率演变与影响因素 [J]. 经济地理，2022，42（03）：141-149.

[160] 许萍萍. 江苏省农田碳源/汇动态变化及低碳农业发展研究 [D]. 南京：南京农业大学，2018.

[161] 许庆，尹荣梁，章辉. 规模经济，规模报酬与农业适度规模经营 [J]. 经济研究，2011，3：59-71.

[162] 薛思蒙，刘瀛弢，毛世平. 中日水稻产业生产效率比较研究 [J]. 农业经济问题，2017，38（11）：67-76.

[163] 闫烁. 长江经济带农业碳排放时空演变、影响因素及评价研究 [D]. 贵阳：贵州财经大学，2021.

[164] 杨钧，李建明，罗能生. 农村基础设施、人力资本投资与农业全要素生产率——基于空间杜宾模型的实证研究 [J]. 河南师范大学学报（哲学社会科学版），2019，46（04）：46-52.

[165] 杨开忠，顾芸，董亚宁. 空间品质、人才区位与人力资本增长——基于新空间经济学 [J]. 系统工程理论与实践，2021，41（12）：3065-3078.

[166] 杨开忠. 京津冀协同发展的新逻辑：地方品质驱动型发展 [J]. 经济与管理，2019，33（01）：1-3.

[167] 杨青林，赵荣钦，赵涛，等. 县域尺度农业碳排放效率与粮食安全的关系 [J]. 中国农业资源与区划，2023，44（02）：156-169.

[168] 杨桐彬，朱英明，王毅. 土地集约，技术进步与农业生产效率 [J]. 农业经济与管理，2020（1）：54-65.

[169] 杨勇，李雪竹. 省区财政支农投入对农业生产率及其构成的影响 [J]. 西北农林科技大学学报（社会科学版），2013，13（05）：98-108.

[170] 杨越. 中国碳交易制度的有效性研究 [D]. 大连：大连理工大学，2018.

[171] 杨震宇. 基于 DEA 的广东省农业生产效率研究 [D]. 广州：仲恺农业工程学院，2014.

[172] 叶文忠，刘俞希. 长江经济带农业生产效率及其影响因素研究 [J]. 华东经济管理，2018，32（03）：83-88.

[173] 尹朝静. 科研投入，人力资本与农业全要素生产率 [J]. 华南农业大学学报：社会科学版，2017，16（3）：27-35.

[174] 余凤龙，黄震方，曹芳东，等. 中国城镇化进程对旅游经济发展的影响 [J]. 自然资源学报，2014，29（08）：1297-1309.

[175] 袁芳，张红丽，陈文新. 西北地区绿色农业投资效率水平测度及空间差异 [J]. 统计与决策，2020，36（24）：70-73.

[176] 张春梅，王晨. 财政补贴与绿色农业生产效率相关性研究 [J]. 地方财政研究，2020（02）：79-87.

[177] 张广胜，王珊珊. 中国农业碳排放的结构、效率及其决定机制 [J]. 农业经济问题，2014，35（07）：18-26＋110.

[178] 张海波，刘颖. 我国粮食主产省农业全要素生产率实证分析 [J]. 华中农业大学学报（社会科学版），2011（05）：35-38.

[179] 张恒，郭翔宇. 农业生产性服务业发展与农业全要素生产率提升：地区差异性与空间效应 [J]. 农业技术经济，2021，313（05）：93-107.

[180] 张慧. 广西农业全要素生产率增长实证研究——基于随机前沿生产函数及 DEA-Malmquist 生产率指数模型 [J]. 沿海企业与科技，2019（04）：44-47.

[181] 张乐，曹静. 中国农业全要素生产率增长：配置效率变化的引入——基于随机前沿生产函数法的实证分析 [J]. 中国农村经济，2013（03）：4-15.

[182] 张丽琼，何婷婷. 1997—2018 年中国农业碳排放的时空演进与脱钩效应——基于空间和分布动态法的实证研究 [J]. 云南农业大学学报（社会科学），2022，16（01）：78-90.

[183] 张利国，鲍丙飞，董亮. 鄱阳湖生态经济区粮食单产时空格局演变及驱动因素探究 [J]. 经济地理，2018，38（02）：154-161.

[184] 张利国，鲍丙飞. 我国粮食主产区粮食全要素生产率时空演变及驱动因素 [J]. 经济地理，2016，36（03）：147-152.

[185] 张朴甜. 外部性理论研究综述 [J]. 现代商业，2017（09）：176-177.

[186] 张普伟，贾广社，牟强，等. 中国建筑业碳生产率的俱乐部收敛及成因 [J]. 中国人口·资源与环境，2019，29（01）：40-49.

[187] 张淑辉，陈建成. 农业科研投资与农业生产率增长关系的实证研究 [J]. 云南财经大学学报，2013，29（05）：83-90.

[188] 张向阳. 基于 DEA 的安徽省农业生产效率分析 [J]. 南方农业，2022，16（17）：32-36.

[189] 张晓恒，刘余. 规模化经营降低农业生产成本了吗？——基于前沿成本和效率损失成本的视角 [J]. 农林经济管理学报，2018，17（05）：520-527.

[190] 张晓敏. 基于 DEA 模型的农业生产效率综合评价——以陕西省为例 [J]. 生产力研究，2021（07）：52-55.

[191] 张新蕾，赵鸭桥，格茸取次. 农业生产效率影响因素研究——以云南省为例 [J]. 云南农业大学学报（社会科学），2019，13（06）：109-115＋122.

[192] 张宇，孙大岩，胡其图. 内蒙古自治区农业生产效率测算及影响因素研究 [J]. 中国农学通报，2015，31（24）：271-276.

[193] 张彧泽，胡日东. 我国城镇化对经济增长传导效应研究——基于状态空间模型 [J]. 宏观经济研究，2014（05）：92-98.

[194] 张云宁，杨琳，欧阳红祥，宋亮亮. 基于面源污染和碳排放的长江经济带农业绿色生产效率提升路径 [J]. 水利经济，2022，40（03）：24-33＋41＋94.

[195] 张忠明，钱文荣. 农户土地经营规模与粮食生产效率关系实证研究 [J]. 中国土地科学，2010，24（08）：52-58.

[196] 章胜勇，尹朝静，贺亚亚，等. 中国农业碳排放的空间分异与动态演进——基于空间和非参数估计方法的实证研究 [J]. 中国环境科学，2020，40（03）：1356-1363.

[197] 郑京海，胡鞍钢. 中国改革时期省际生产率增长变化的实证分析（1979—2001 年）[J]. 经济学（季刊），2005（01）：263-296.

[198] 郑循刚. 中国农业生产技术效率及其影响因素分析 [J]. 统计与决策，2009（23）：102-104.

[199] 周宁. 中国农业科研投资效率研究 [D]. 南京：南京农业大学，2009.

[200] 周鹏飞，沈洋. 农业生产效率的测度及影响因素实证考察——基于 2007—2020 年重庆市面板数据 [J]. 荆楚学刊，2022，23（05）：66-75.

[201] 周圣杰. 基于 DEA-Malmquist 模型的江汉平原农业生产效率时空分析 [D]. 武汉：华中师范大学，2018.

[202] 周天勇，刘玲玲. 从区位理论到新空间经济学的发展 [J]. 生产力研究，2005（10）：5-6＋25.

[203] 周霞，李昕欣. 绿色农业生产水平的空间异质性分析：基于山东省 2010-2019 年的经验数据 [J]. 经济与管理评论，2021，37（06）：152-164.

[204] 周晓时，李谷成，刘成. 人力资本、耕地规模与农业生产效率 [J]. 华中农业大学学报（社会科学版），2018（02）：8-17＋154.

[205] 周妍宏，王一如，何丹，金明姬. 基于超效率 DEA 模型及 Malmquist 指数的东北三省农业生产效率测度分析 [J]. 北方园艺，2022（03）：145-151.

[206] 朱帆，余成群，曾嵘，许少云. 西藏"一江两河"地区农户生产效率分析及改进方案——基于三阶段 DEA 模型和农户微观数据 [J]. 经济地理，2011，31（07）：1178-1184.

[207] 朱丽莉. 农村劳动力流动、要素结构变动与农业生产效率研究 [D]. 南京：南京农业大学，2013.

[208] 卓小爱，侯庆丰，王明乐. 基于 DEA 模型的农业生产效率评价 [J]. 热带农业工程，2021，45（04）：43-47.

[209] Abdullahi H S, Mahieddine F, Sheriff R E. Technology impact on agricultural productivity: A review of precision agriculture using unmanned aerial vehicles [C]. International conference on wireless and satellite systems. Springer, Cham, 2015: 388-400.

[210] Adamišin P, Kotulic R, Vozárová I K, et al. Natural climatic conditions as a determinant of productivity and economic efficiency of agricultural entities [J]. Agricultural economics, 2015, 61 (6): 265-274.

[211] Adepoju A A, Salman K K. Increasing agricultural productivity through rural infrastructure: evidence from Oyo and Osun States, Nigeria [J]. International Journal of Applied Agriculture and Apiculture Research, 2013, 9 (1-2): 1-10.

[212] Adetutu M O, Ajayi V. The impact of domestic and foreign R&D on agricultural productivity in sub-Saharan Africa [J]. World Development,

2020, 125: 104690.

[213] Adhikari C B, Bjorndal T. Analyses of technical efficiency using SDF and DEA models: evidence from Nepalese agriculture [J]. Applied Economics, 2012, 44 (25): 3297-3308.

[214] Ahmed N, Hamid Z, Mahboob F, et al. Causal linkage among agricultural insurance, air pollution, and agricultural green total factor productivity in United States: Pairwise Granger causality approach [J]. Agriculture, 2022, 12 (9): 1320.

[215] Ajao A O, Salami O. Analysis of agricultural productivity growth, innovation and technological progress in Africa [J]. International Journal of Agricultural Science and Research (IJASR), 2012, 2 (4): 99-110.

[216] Anselin L, Griffith D A. Do spatial effecfs really matter in regression analysis? [J]. Papers in Regional Science, 1988, 65 (1): 11-34.

[217] Armagan G, Ozden A, Bekcioglu S. Efficiency and total factor productivity of crop production at NUTS1 level in Turkey: Malmquist index approach [J]. Quality & quantity, 2010, 44 (3): 573-581.

[218] Arnade C. Using a programming approach to measure international agricultural efficiency and productivity [J]. Journal of Agricultural Economics, 1998, 49 (1): 67-84.

[219] Badau F, Rada N. The Price of Inefficiency in Indian Agriculture [R]. 2016.

[220] Balezentis T. ON MEASURES OF THE AGRICULTURAL EFFICIENCY--A REVIEW [J]. Transformations in Business & Economics, 2014, 13 (3).

[221] Bao B, Jiang A, Jin S, et al. The Evolution and Influencing Factors of Total Factor Productivity of Grain Production Environment: Evidence from Poyang Lake Basin, China [J]. Land, 2021, 10 (6): 606.

[222] Baráth L, Fert? I. Productivity and convergence in European agriculture [J]. Journal of Agricultural Economics, 2017, 68 (1): 228-248.

[223] Barrios S, Ouattara B, Strobl E. The impact of climatic change on agricultural production: Is it different for Africa? [J]. Food policy, 2008,

33（4）：287-298.

[224] Battese G E, Coelli T J. Frontier production functions, technical efficiency and panel data: with application to paddy farmers in India [J]. Journal of productivity analysis, 1992, 3 (2): 153-169.

[225] Belyaeva M . A comprehensive analysis of current state and development perspectives of Russian grain sector: Production efficiency and climate change impact [J]. Studies on the Agricultural and Food Sector in Transition Economies, 2018.

[226] Benavides D. Influence of agricultural infrastructure construction on agricultural total factor productivity [J]. Agricultural Productivity Science, 2021, 1 (1): 14-26.

[227] Blonigen B A, Davies R B, Waddell G R, et al. FDI in space: Spatial autoregressive relationships in foreign direct investment [J]. European Economic Review, 2007, 51 (5): 1303-1325.

[228] Carlino G A, Mills L. Testing neoclassical convergence in regional incomes and earnings [J]. Regional Science and Urban Economics, 1996, 26 (6): 565-590.

[229] Chandio Abbas Ali, Shah Muhammad Ibrahim, Sethi Narayan, et al. Assessing the effect of climate change and financial development on agricultural production in ASEAN-4: the role of renewable energy, institutional quality, and human capital as moderators. [J]. Environmental science and pollution research international, 2021, 29 (9): 13211-13225.

[230] Chang H J, Liu W G, University S, et al. Climate Change and Its Impact on Agricultural Production Efficiency in Xinjiang Production and Construction Corps Area [J]. Science Technology and Engineering, 2019.

[231] Chavas J P, Aliber M. An analysis of economic efficiency in agriculture: A nonparametric approach [J]. Journal of Agricultural and Resource Economics, 1993: 1-16.

[232] Chavas J P, Cox T L. A nonparametric analysis of the influence of research on agricultural productivity [J]. American Journal of Agricultural

Economics, 1992, 74 (3): 583-591.

[233] Chavas J P. Agricultural policy in an uncertain world [J]. European Review of Agricultural Economics, 2011, 38 (3): 383-407.

[234] Chung Y H, Färe R, Grosskopf S. Productivity and undesirable outputs: a directional distance function approach [J]. journal of Environmental Management, 1997, 51 (3): 229-240.

[235] Chung Y H, Färe R, Grosskopf S. Productivity and undesirable outputs: a directional distance function approach [J]. journal of Environmental Management, 1997, 51 (3): 229-240.

[236] Coelli T, Rahman S, Thirtle C. A stochastic frontier approach to total factor productivity measurement in Bangladesh crop agriculture, 1961-92 [J]. Journal of International Development: The Journal of the Development Studies Association, 2003, 15 (3): 321-333.

[237] Cong S. The Impact of Agricultural Land Rights Policy on the Pure Technical Efficiency of Farmers' Agricultural Production: Evidence from the Largest Wheat Planting Environment in China [J]. Journal of Environmental and Public Health, 2022.

[238] De S O. How not to think of land-grabbing: three critiques of large-scale investments in farmland [J]. The Journal of Peasant Studies, 2011, 38 (2): 249-279.

[239] Deaton, James B. The influence of communications infrastructure on agricultural growth [J]. Europace: European pacing, arrhythmias, and cardiac electrophysiology : journal of the working groups on cardiac pacing, arrhythmias, and cardiac cellular electrophysiology of the European Society of Cardiology, 1993.

[240] Djomo J M N, Sikod F. The effects of human capital on agricultural productivity and farmer's income in Cameroon [J]. International Business Research, 2012, 5 (4): 134.

[241] Dokic D, Novakovic T, Tekic D, et al. Technical Efficiency of Agriculture in the European Union and Western Balkans: SFA Method [J]. Ag-

riculture，2022，12 (12)：1992.

[242] Duffy M. Economies of size in production agriculture [J]. Journal of hunger & environmental nutrition，2009，4 (4)：375-392.

[243] Esposti R. Convergence and divergence in regional agricultural productivity growth：evidence from Italian regions，1951 – 2002 [J]. Agricultural Economics，2011，42 (2)：153-169.

[244] Farrell M J. The measurement of productive efficiency [J]. Journal of the Royal Statistical Society：Series A (General)，1957，120 (3)：253-281.

[245] Felix B，Modeste S，Olivier M，et al. Economic Analysis of the Investments in Public Infrastructure Impacts on Agricultural Production in Benin [J]. International Journal of Economics and Finance，2014，6 (12)：219.

[246] Florea N V，Duică M C，Ionescu C A，et al. An Analysis of the Influencing Factors of the Romanian Agricultural Output within the Context of Green Economy [J]. Sustainability，2021，13 (17)：9649.

[247] Fuglie K. R&D capital，R&D spillovers，and productivity growth in world agriculture [J]. Applied Economic Perspectives and Policy，2018，40 (3)：421-444.

[248] Funk M，Strauss J. Panel tests of stochastic convergence：TFP transmission within manufacturing industries [J]. Economics Letters，2003，78 (3)：365-371.

[249] Gallacher M. Education as an input in agricultural production：Argentina [M]. CEMA，2001.

[250] Guesmi B，Serra T，Kallas Z，et al. The productive efficiency of organic farming：the case of grape sector in Catalonia [J]. Spanish Journal of Agricultural Research，2012 (3)：552-566.

[251] Guo B，He D，Zhao X，et al. Analysis on the spatiotemporal patterns and driving mechanisms of China's agricultural production efficiency from 2000 to 2015 [J]. Physics and Chemistry of the Earth，Parts A/B/C，2020，120：102909.

[252] Haag S，Jaska P，Semple J. Assessing the relative efficiency of agricul-

tural production units in the Blackland Prairie, Texas [J]. Applied Economics, 1992, 24 (5): 559-565.

[253] Hadri K. Testing for stationarity in heterogeneous panel data [J]. The Econometrics Journal, 2000, 3 (2): 148-161.

[254] Hailu A, Veeman T S. Environmentally sensitive productivity analysis of the Canadian pulp and paper industry, 1959-1994: an input distance function approach [J]. Journal of environmental economics and management, 2000, 40 (3): 251-274.

[255] Haji J. Production efficiency of smallholders' vegetable-dominated mixed farming system in eastern Ethiopia: A non-parametric approach [J]. Journal of African Economies, 2007, 16 (1): 1-27.

[256] Helfand S M, Levine E S. Farm size and the determinants of productive efficiency in the Brazilian Center - West [J]. Agricultural economics, 2004, 31 (3): 241-249.

[257] Herrmann R T. Large-scale agricultural investments and smallholder welfare: A comparison of wage labor and outgrower channels in Tanzania [J]. World Development, 2017, 90: 294-310.

[258] Horvat A M, Radovanov B, Popescu G H, et al. A two-stage DEA model to evaluate agricultural efficiency in case of Serbian districts [J]. Економика пољопривреде, 2019, 66 (4): 965-974.

[259] Hua J, Zhu D, Jia Y. Research on the policy effect and mechanism of carbon emission trading on the total factor productivity of agricultural enterprises [J]. International Journal of Environmental Research and Public Health, 2022, 19 (13): 7581.

[260] Huffman W E. Recent International Immigrants and Their Impact on America's Rural Communities: Discussion [J]. American Journal of Agricultural Economics, 2008, 90 (5): 1334-1335.

[261] Huffman W E, Evenson R E. Contributions of public and private science and technology to US agricultural productivity [J]. American Journal of Agricultural Economics, 1992, 74 (3): 751-756.

[262] Huffman W E. Human capital: Education and agriculture [J]. Handbook of agricultural economics, 2001, 1: 333-381.

[263] Im K S, Pesaran M H, Shin Y. Testing for unit roots in heterogeneous panels [J]. Journal of econometrics, 2003, 115 (1): 53-74.

[264] Jian T, Sachs J D, Warner A M. Trends in regional inequality in China [J]. China economic review, 1996, 7 (1): 1-21.

[265] Ju X, Gu B, Wu Y, et al. Reducing China's fertilizer use by increasing farm size [J]. Global environmental change, 2016, 41: 26-32.

[266] Kalirajan K P. On measuring the contribution of human capital to agricultural production [J]. Indian Economic Review, 1989: 247-261.

[267] Kansiime M K, Van A P, Sneyers K. Farm diversity and resource use efficiency: Targeting agricultural policy interventions in East Africa farming systems [J]. NJAS-Wageningen Journal of Life Sciences, 2018, 85: 32-41.

[268] Key N. Farm size and productivity growth in the United States Corn Belt [J]. Food Policy, 2019, 84: 186-195.

[269] Khan F, Salim R, Bloch H. Nonparametric estimates of productivity and efficiency change in A ustralian B roadacre A griculture [J]. Australian Journal of Agricultural and Resource Economics, 2015, 59 (3): 393-411.

[270] Kocisova K, Gavurova B, Kotaskova A. A slack-based measure of agricultural efficiency in the European Union countries [J]. Journal of International Studies, 2018, 11 (1).

[271] Korotchenya V. Digital agriculture and agricultural production efficiency: exploring prospects for Russia [J]. Revista Espacios, 2019, 40 (22): 22-35.

[272] Kurbatova S M, Aisner L Y, Naumov O D. Labor resource as a factor of modern agricultural production [C]. E3S Web of Conferences. EDP Sciences, 2020, 161: 01088.

[273] Kurosaki T. Effects of human capital on farm and non-farm productivity in rural Pakistan [J]. Hitotsubashi University, 2001.

[274] Lambert D K, Parker E. Productivity in Chinese provincial agriculture [J]. Journal of Agricultural Economics, 1998, 49 (3): 378-392.

[275] Latruffe L, Desjeux Y. Common Agricultural Policy support, technical efficiency and productivity change in French agriculture [J]. Review of Agricultural, Food and Environmental Studies, 2016, 97 (1): 15-28.

[276] Laurinavicius E, Rimkuviene D. Comparative efficiency analysis of agriculture sectors in EU member-states [J]. MATHEMATICS AND STATISTICS FOR THE SUSTAINABLE DEVELOPMENT, 2016: 30.

[277] Li Z, Liu X. The effects of rural infrastructure development on agricultural production technical efficiency: evidence from the data of Second National Agricultural Census of China [R]. 2009.

[278] Liu F, Lv N. The threshold effect test of human capital on the growth of agricultural green total factor productivity: Evidence from China [J]. The International Journal of Electrical Engineering & Education, 2021.

[279] Llanto G M. The impact of infrastructure on agricultural productivity [R]. PIDS discussion paper series, 2012.

[280] Mamatzakis E C. Public infrastructure and productivity growth in Greek agriculture [J]. Agricultural Economics, 2003, 29 (2): 169-180.

[281] Miller S M, Upadhyay M P. Total factor productivity and the manufacturing sectors in industrialized and developing countries [J]. Energy Policy, 2002, (29): 769-775.

[282] Mitra A, Varoudakis A, Veganzones-Varoudakis M A. Productivity and technical efficiency in Indian states' manufacturing: the role of infrastructure [J]. Economic development and cultural change, 2002, 50 (2): 395-426.

[283] Mugunieri G L, Omamo S W, Obare G A. Agricultural science and technology policy system institutions and their impact on efficiency and technical progress in Kenya and Uganda [J]. Journal of Agricultural Science and Technology, 2011, 13 (1): 1-15.

[284] Nguyen T T, Do T L, Parvathi P, et al. Farm production efficiency and natural forest extraction: Evidence from Cambodia [J]. Land use policy, 2018, 71: 480-493.

[285] Nowak A, Kijek T. The effect of human capital on labour productivity of farms in Poland [J]. Studies in Agricultural Economics, 2016, 118 (1): 16-21.

[286] Nsiah C, Fayissa B. Trends in agricultural production efficiency and their implications for food security in sub - Saharan African countries [J]. African Development Review, 2019, 31 (1): 28-42.

[287] Oduol J, Hotta K, Shinkai S, et al. Farm Size and Productive Efficiency: Lessons from Smallholder Farms in Embu District, Kenya [J]. Journal- Faculty of Agriculture Kyushu University, 2006, 51 (2): 449-458.

[288] Otsuka A, Goto M. Total factor productivity and the convergence of disparities in Japanese regions [J]. The Annals of Regional Science, 2016, 56 (2): 419-432.

[289] Paelinck J, Klaassen L. Spatial econometrics [M]. Saxon House, Farnborough, 1979.

[290] Parker S, Liddle B. Analysing energy productivity dynamics in the OECD manufacturing sector [J]. Energy Economics, 2017, 67: 91-97.

[291] Phillips P C B, Sul D. Economic transition and growth [J]. Journal of Applied Econometrics, 2009, 24 (7): 1153-1185.

[292] Phillips P C B, Sul D. Transition modeling and econometric convergence tests [J]. Econometrica, 2007, 75 (6): 1771-1855.

[293] Pierluigi T, Pier P M, Giovanni Z, et al. A non-parametric bootstrap-data envelopment analysis approach for environmental policy planning and management of agricultural efficiency in EU countries [J]. Ecological Indicators, 2017, 83: 132-143.

[294] Qin C, Tang Z, Chen J, et al. The impact of soil and water resource conservation on agricultural production-an analysis of the agricultural production performance in Zhejiang, China [J]. Agricultural Water Management, 2020, 240: 106268.

[295] Quah D T. Empirics for economic growth and convergence [J]. European economic review, 1996, 40 (6): 1353-1375.

[296] Quiroga S, Suárez C, Fernández-Haddad Z, et al. Levelling the playing field for European Union agriculture: Does the Common Agricultural Policy impact homogeneously on farm productivity and efficiency? [J]. Land use policy, 2017, 68: 179-188.

[297] Rada N E, Buccola S T. Agricultural policy and productivity: evidence from Brazilian censuses [J]. Agricultural Economics, 2012, 43 (4): 355-367.

[298] Rada N, Valdes C. Policy, technology, and efficiency of Brazilian agriculture [J]. USDA-ERS Economic Research Report, 2012 (137).

[299] Rahman S. Profit efficiency among Bangladeshi rice farmers [J]. Food policy, 2003, 28 (5-6): 487-503.

[300] RL M, Mishra A K. Agricultural production efficiency of Indian states: Evidence from data envelopment analysis [J]. International Journal of Finance & Economics, 2022, 27 (4): 4244-4255.

[301] Rosano-Peña C, Daher C E. The Impact of Environmental Regulation and Some Strategies for Improving the Eco-Efficiency of Brazilian Agriculture [M]. Decision Models in Engineering and Management, 2015: 295-322.

[302] Rosset P. The multiple functions and benefits of small farm agriculture in the context of global trade negotiations [J]. Development, 2000, 43 (2): 77-82.

[303] Sala-i-Martin X. The classical approach to convergence analysis [J] The Economic Journal, 1996, 106 (437): 1019-1036.

[304] Sanjeev S, Helena T, Richard L, et al. An exploratory spatial data analysis approach to understanding the relationship between deprivation and mortality in Scotland [J]. Social Science & Me-dicine, 2007, 65: 1942-1952.

[305] Schlitte F, Paas T. Regional income inequality and convergence processes in the EU-25 [J]. Scienze Regionali, 2008.

[306] Shahzad M A, Razzaq A, Aslam M, et al. Measuring Technical Efficiency of Wheat Farms in Punjab, Pakistan: A Stochastic Frontier Analysis Approach [J]. Journal of Agricultural Studies, 2019, 7 (1): 115-127.

[307] Sidhoum A A. Valuing social sustainability in agriculture: An approach based on social outputs' shadow prices [J]. Journal of Cleaner Production, 2018, 203: 273-286.

[308] Sotnikov S. Evaluating the effects of price and trade liberalisation on the technical efficiency of agricultural production in a transition economy: The case of Russia [J]. European Review of Agricultural Economics, 1998, 25 (3): 412-431.

[309] Souza G S, Gomes E G, Alves E R A. Conditional FDH efficiency to assess performance factors for Brazilian agriculture [J]. Pesquisa Operacional, 2017, 37: 93-106.

[310] Souza G S, Gomes E G. Assessing the influence of external factors on agricultural production in Brazil [J]. Socio-Economic Planning Sciences, 2022: 101440.

[311] Suhariyanto K, Thirtle C. Asian agricultural productivity and convergence [J]. Journal of Agricultural Economics, 2001, 52 (3): 96-110.

[312] Thirtle C, Piesse J, Lusigi A, et al. Multi-factor agricultural productivity, efficiency and convergence in Botswana, 1981 – 1996 [J]. Journal of Development Economics, 2003, 71 (2): 605-624.

[313] Tobler W R. A computer movie simulating urban growth in the Detroit region [J]. Economic geography, 1970, 46 (9): 234-240.

[314] Toma E, Dobre C, Dona I, et al. DEA applicability in assessment of agriculture efficiency on areas with similar geographically patterns [J]. Agriculture and Agricultural Science Procedia, 2015, 6: 704-711.

[315] Tone K. A slacks-based measure of efficiency in data envelopment analysis [J]. European Journal of Operational Research, 2001, 130 (3): 498-509.

[316] Tone K. Dealing with undesirable outputs in DEA: A slacks-based measure (SBM) approach [J]. GRIPS Research Report Series, 2003.

[317] Wagan S A, Memon Q U A, Chunyu D, et al. A comparative study on agricultural production efficiency between China and Pakistan using Data

Envelopment Analysis （DEA） [J]. Custos E Agronegocio on Line，2018，14 （3）：169-190.

[318] Wang L，Tang J，Tang M，et al. Scale of Operation，Financial Support，and Agricultural Green Total Factor Productivity：Evidence from China [J]. International Journal of Environmental Research and Public Health，2022，19 （15）：9043.

[319] Weerasekara S，Wilson C，Lee B，et al. Impact of natural disasters on the efficiency of agricultural production：an exemplar from rice farming in Sri Lanka [J]. Climate and Development，2022，14 （2）：133-146.

[320] Yan J，Chen C，Hu B. Farm size and production efficiency in Chinese agriculture：Output and profit [J]. China Agricultural Economic Review，2018，11 （1）：20-38.

[321] Yan J，Chen C，Hu B. Farm size and production efficiency in Chinese agriculture：output and profit [J]. China Agricultural Economic Review，2019，11 （1）：20-38.

[322] Yasmeen R，Tao R，Shah W U H，et al. The nexuses between carbon emissions，agriculture production efficiency，research and development，and government effectiveness：evidence from major agriculture-producing countries [J]. Environmental Science and Pollution Research，2022：1-14.

[323] Zewdie M C，Moretti M，Tenessa D B，et al. Agricultural technical efficiency of smallholder farmers in Ethiopia：A stochastic frontier approach [J]. Land，2021，10 （3）：246.

[324] Zhang Q，Razzaq A，Qin J，et al. Does the Expansion of Farmers' Operation Scale Improve the Efficiency of Agricultural Production in China？ Implications for Environmental Sustainability [J]. Frontiers in Environmental Science，2022.